KB148873

다윈의
진화론

국립중앙도서관 출판시도서목록(CIP)

다윈의 진화론 : 자연 선택의 비밀을 엿보다
글: 이은희 ; 그림: 최재정. — 서울 : 작은길출판사, 2019
p. ; cm — (메콤새콤)

권말부록 : 다윈 이후의 진화론 등
색인 수록
ISBN 978-89-98066-72-7 04470 : ₩16,000
ISBN 978-89-98066-13-0 (세트) 04080

진화론[進化論]

476.0162-KDC6 CIP2019002698
576.82-DDC23

다윈의 진화론

자연 선택의 비밀을 엿보다

이은희 글 | 최재정 그림

작은길

일러두기

1. 이 책에는 다윈의 진화론과 관련해 많은 인물이 나온다. 독자의 이해를 돕고자 인물의 간략한 소개를 따로이 부록 〈다윈의 진화론과 그의 사람들〉에 각 장별로 순서대로 실었다. 외래어 표기는 국립국어원의 규정과 용례집에 따랐다.
2. 과학 용어는 중등 교과 편수 자료의 지침을 따랐으며, 두 가지 표기를 인정하는 경우에는 현행 교과서에서 채택한 표기법을 따랐다.
3. 에콰도르는 에스파냐로부터 독립(1830)한 이후 1832년에는 갈라파고스 제도의 소유권도 넘겨받아 섬들의 이름을 에스파냐어로 바꾸었다. 하지만 이때만 해도 제도에 대해 알려진 바가 거의 없었기 때문에 다윈의《비글호 항해기》에는 이전 명칭들이 사용되고 있다. 이 책에서는 옛 이름(새 이름)을 병기한다. 예: 제임스 섬(산티아고 섬)

과학은 혁명적으로 발전합니다. 기존의 세계관을 갈아엎는 전혀 새로운 우주관이 등장하죠. 과학은 진리가 아니기 때문에 생기는 일입니다. 따라서 새로운 우주관 역시 언젠가는 뒤바뀝니다. 이에 과학책은 수백 년이 아니라 수십 년만 지나도 그 내용이 유효하지 못하거나 더 진전된 내용이 담긴 책에 밀려나지요. 최고의 과학 고전으로 일컬어지는 코페르니쿠스의《천구의 회전에 대하여》와 갈릴레이의《두 우주 체계에 관한 대화》그리고 뉴턴의《자연철학의 수학적 원리(프린키피아)》역시 마찬가지입니다.

하지만 찰스 다윈의《종의 기원》은 다릅니다. 1859년에 출간되었으니 이미 나온 지 160년이나 되었지만 여전히 세계의 교양인들은 이 책을 읽고 탐구하고 토론합니다. 그런데 이건 그냥 하는 말이 아닙니다. 교양인 가운데에도《종의 기원》을 실제로 읽은 사람은 극히 드뭅니다. 왜일까요? 찰스 다윈의《종의 기원》은 이 세상에서 가장 지루한 과학책이기 때문입니다. 얼마나 재미없는지 저는 이 책을 1983년부터 읽기 시작해 2007년에야 다 읽었습니다. 무려 25년이나 걸린 셈이지요. 정말 읽고 싶지만 정말 읽기 어려운 책이 바로《종의 기원》입니다.

그렇다면 찰스 다윈은 글을 잘 못 쓰는 사람일까요? 아닙니다. 그의 첫 번째 책인《비글호 항해기》와 말년에 쓴 자서전《나의 삶은 서서히 진화해 왔다》만 봐도 그가 얼마나 탁월한 문필가인지 알 수 있습니다. 정보를 유쾌하게 전달하면서도 자연과 인간에 대한 이야기를 감동적으로 풀어냈기에 술술 읽힙니다.

그렇다면《종의 기원》은 왜 그렇게 재미없을까요? 너무 많은 예가 나와서 그렇습니다. 제1장은 "박 씨가 새로 만들어 낸 멋진 비둘기 있잖아. 아, 글쎄, 옆 동네 심 씨가 그러는데, 이 비둘기와 저 비둘기를 교배시켰더니 그놈이 나왔다는 것 아냐." 하는 이야기가 나오고, 나오고 또 나오거든요. 비둘기 이야기를 읽다가 지쳐 버리고 맙니다. 결국 《종의 기원》의 중요성을 아는 교양인들도 책을 끝까지 못 읽고 포기하고 말지요.

지루한 책일수록 간단하게 정리할 수 있는 법이죠. 크게 세 부분으로 구성된 《종의 기원》을 요약하면 "진화는 자연 선택으로 일어나. 그런데 진화론에는 내가 보기에도 많은 문제가 있어. 하지만 이런저런 사항을 고려하면, 그럼에도 불구하고 생명이 고정되어 있다는 예전 생각보다는 진화론이 더 우월해."라는 말이 됩니다.

《종의 기원》을 무려 25년 만에 겨우 읽어 낸 저로서는 도저히 이 책을 읽으라고 권하지 못하겠습니다. 굳이 그럴 필요도 없습니다. 다윈의 《종의 기원》을 다윈보다 더 잘 쓴 책들이 있거든요. 지금 읽고 있는 《다윈의 진화론》이 바로 그런 책입니다.

이은희 선생님이 쓰고 최재정 선생님이 그린 《다윈의 진화론》은 단지 《종의 기원》만을 풀어낸 책이 아닙니다. 찰스 다윈의 전기를 바탕으로 인생 여정 속에서 《비글호 항해기》, 《종의 기원》, 《인간의 유래》, 《인간과 동물의 감정 표현》, 《인간의 유래와 성 선택》 그리고 《지렁이의 활동과 분변토의 형성》에 이르기까지 그의 연구를 하나의 이야기 흐름 속에서 파악할 수 있습니다. 그리고 산업혁명기의 영국과 유럽 대륙의 과학자 문화도 엿볼 수 있죠. 엄청난 장점입니다.

이 책은 기본적으로 만화책이지만 다윈의 진화론과 관련한 중요한 정보를 따로이 담았습니다. 그리고 부록에 담은 다윈의 생애와 참고서적, 이 책에 등장하는 인물 소개도 훌륭합니다. 이 부분을 그냥 건너뛰지 마세요. 이 책을 읽고 더 깊은 공부를 하는 데 중요한 지침서가 될 것입니다. 저는 이미 다윈과 진화론에 대한 무수히 많은 책을 읽었습니다. 그리고 앞으로도 읽어 나갈 것입니다. 그런데 이 책은 그때마다 책상에 함께 펴놓게 될 것 같습니다. 다윈과 진화론의 세계로 떠나는 여행에 꼭 가져가야 할 지도와 같은 책이거든요.

이제 지도를 펼치시죠. 여행을 떠납시다.

2019년 2월

이정모(서울시립과학관 관장)

흔히 과학자들을 수식하는 상투어로 '시대를 앞서간 천재'라는 문구가 있습니다. 뛰어나고 위대한 생각을 한 과학자들 중에는 동시대인들의 진정한 이해를 얻지 못한 경우가 종종 있으니까요. 하지만 생전에 인정받지 못했던 과학자들도 그의 업적이 분명했다면 사후에는 빠르든 늦든 명예가 회복되고 추앙받는 것이 보통입니다. 그런 점에서 진화론자인 찰스 다윈은 거의 유일한 예외라 할 수 있습니다. 생전에도, 사후에도 찰스 다윈을 인정하고 존경하는 사람들만큼이나 그의 이론을 폄훼하고 헐뜯는 이들이 끊임없이 대립각을 이루는 거의 유일한 과학자라고 해도 과언이 아닙니다.

그래서인지 다윈에 대한 책은 이미 많이 나와 있습니다. 그러니 거기에 '책 한 권을 더 보태는 것이 무슨 의미가 있을까?' 고민하지 않을 수 없었습니다. 그래서 저는 다윈이라는 한 개인이 삶과 사회를 바라보는 관점이 바로 그가 제시한 이론이라는 데에 첫 번째 의미를 두었고, 진화론이라는 자칫 오해하기 쉬운 이론의 주요 개념을 가능한 한 오독 없이 풀어서 제시하는 데에 두 번째 의미를 두었습니다. 즉 다윈이 제시한 변이의 다양성과 적응도에 따른 생존 가능성을 바탕으로 한 자연 선택 개념, 사소하지만 점진적인 변이의 누적성, 이상을 따르는 진보가 아닌 창의성을 바탕으로 한 변화의 개념을 포함한 진화론이 단지 학문적 성취의 결과만이 아니라, 탐험가와 수집가 기질을 가진 젊은이의 열정, 혈족 결혼을 통해 가정을 꾸리고 전문적 투자자로서 살아온 개인적 삶과 떼려야 뗄 수 없는 유기적 개념이라는 것을 강조하고 싶었습니다. 더 나아가 우생학과 사회진화론으로 오독되어 제국주의의 도구로 변질되었던 어두운 그늘을 걷고 진화론이라는 것의 중심 관점에 주목하려고 했습니다.

저의 이런 의도가 제대로 반영되었는지는 독자들의 판단에 맡겨야겠지만, 적어도 이 책을 통해 다윈이라는 위인이 아닌, 찰스 다윈이라는 한 명의 개인의 모습을 발견한다면 적어도 절반의 성공은 이룬 셈이겠지요. 이 책이 나오도록 애써 주신 그림 작가님과 출판사 관계자 분들, 그리고 제 가족들에게 감사의 인사를 드립니다. 감사합니다.

2019년 1월

이은희

차례

D
B
C
A
1

Darwin Theory of Evolution

1 다윈의 거북이

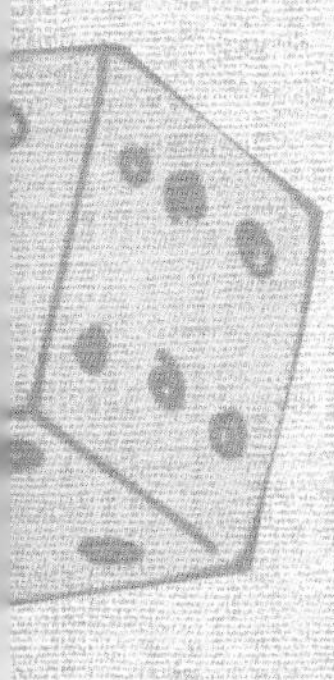

안녕!
하시우.
난 늙은 거북이요.
이름은 해리…
아, 아니 해리엇!
늙어서
이름도 기억 못 하는
거냐구?
예끼!
말조심하슈.
원래 내 이름은
해리였는데…
내게 처음 이름을 붙여 준
사람은 글쎄, 내가 수컷인 줄
알았다지 뭐요.
사람들… 참 눈도 어둡지.
내가 어딜 봐서 수컷 같은가?
내가 암컷인 걸 알아차린 건 무려
100년이나 지난 뒤였고, 그제서야
내 이름을 해리엇으로 바꿔 주었다오.
사람들이 그러는데 내가
올해로 176세나
되었다고 해요.
우리 종족이 원래 장수하기는
하지만…
나도 꼬마 거북이던 시절엔, 내가 이렇게
오래 살 줄은 상상도 못 했지요.

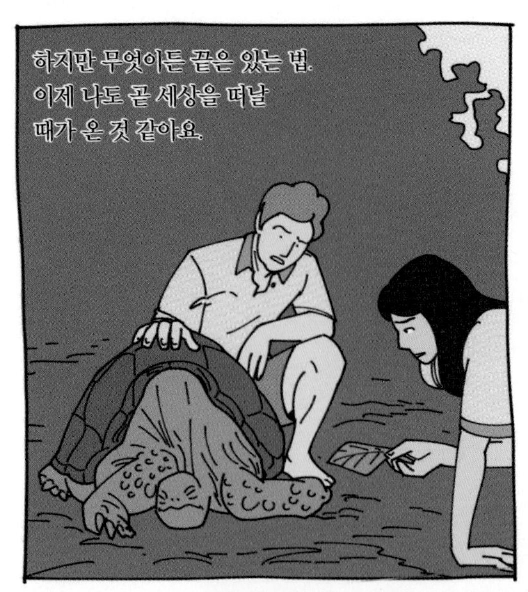
하지만 무엇이든 끝은 있는 법.
이제 나도 곧 세상을 떠날
때가 온 것 같아요.

그렇다 보니 문득 내 이야기를
다른 이들에게 들려주고
싶은 생각이 들어요.
어린 시절, 내 삶은
정말로 파란만장했다오.

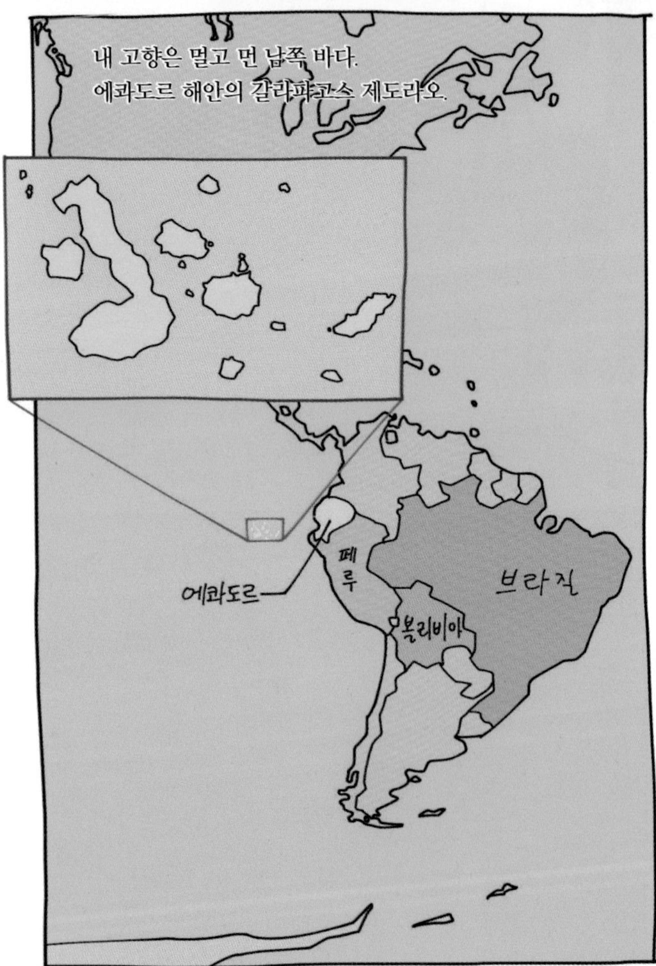
내 고향은 멀고 먼 남쪽 바다.
에콰도르 해안의 갈라파고스 제도라오.
페루
에콰도르
브라질
볼리비아

어느 날, 그러니까 그게 아마도
1835년이었지…. 하도 오래되어서
기억도 가물가물하구먼.
그날도 언덕 위에서 놀고 있는데,
커다란 배가 한 척 다가왔다오.

호기심에 언덕 아래로 내려와 보니,
두 다리로 성큼성큼 걷는 동물이 있었어.
네 발로 엉금엉금 기어 다니는 친구들만 보다가 두 다리로 성큼성큼 걷는 동물을 보니 얼마나 신기하던지.

그래서 친구들과 사람들을 구경하러 갔다가 그만 붙잡히고 말았지.
사람이란 생각보다 위험한 존재였다오.

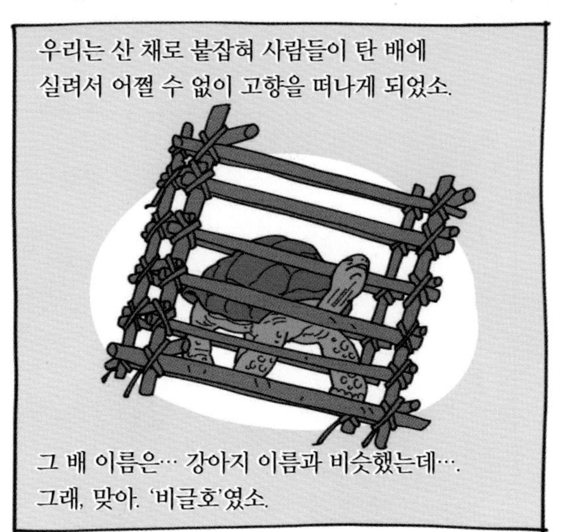
우리는 산 채로 붙잡혀 사람들이 탄 배에 실려서 어쩔 수 없이 고향을 떠나게 되었소.
그 배 이름은… 강아지 이름과 비슷했는데….
그래, 맞아. '비글호'였소.

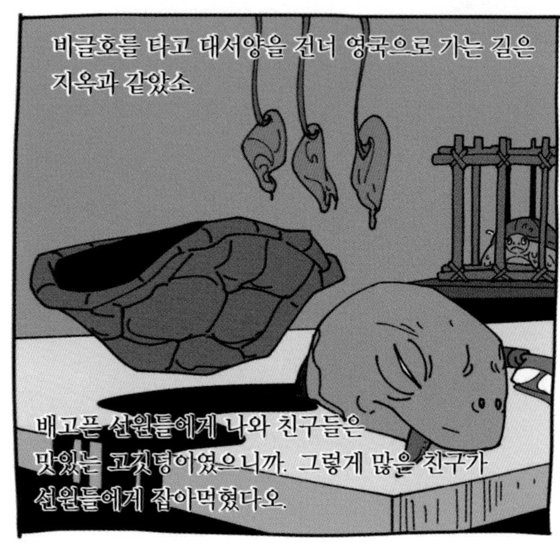
비글호를 타고 대서양을 건너 영국으로 가는 길은 지옥과 같았소.
배고픈 선원들에게 나와 친구들은 맛있는 고깃덩어였으니까. 그렇게 많은 친구가 선원들에게 잡아먹혔다오.

운이 좋았다고 해야 할까, 몇몇은 그 배에 타고 있던 키 큰 젊은 남자가 애완동물 삼아 귀여워해 준 덕에 간신히 살아남을 수 있었다오.

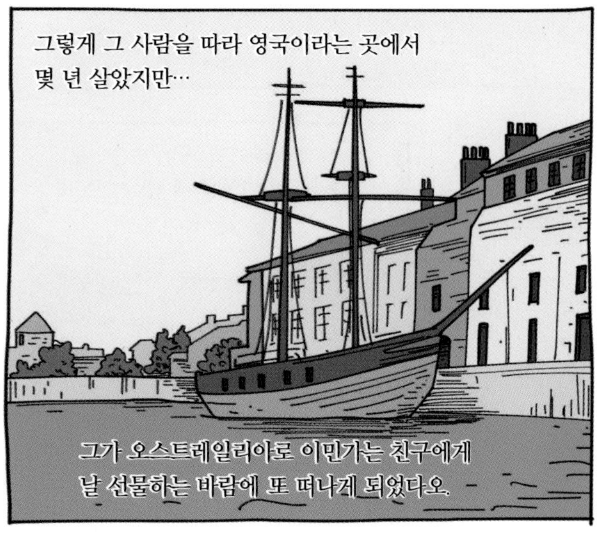
그렇게 그 사람을 따라 영국이라는 곳에서 몇 년 살았지만…
그가 오스트레일리아로 이민가는 친구에게 날 선물하는 바람에 또 떠나게 되었다오.

그때부터 난 오스트레일리아에서
쭉 살았으니…
그 사람 덕분에 거북이치고는
참 여러 곳을 구경했구려.

날 잡았다가 살려 주었던
그 남자 이름은
찰스 로버트 다윈이라오.

CHARLES ROBERT DARW
BORN 12 FEBRUARY 1809
D 19 APRIL 1882
다시 보지 못해 몰랐는데,
벌써 그가 세상을 떠난 지
100년도 훨씬 넘었다지 뭐요.●

처음엔 그 사람이 정말 미웠지. 날 평화로운 고향에서
억지로 떠나게 만든 원수였으니까.
하지만 어찌 보면 내 목숨을 구해 준 은인이기도 하고,
내가 오랜 세월 '다윈의 거북이'라는 애칭으로
많은 사람의 사랑을 받게 해 준 장본인이기도 하지요.

내 기억 속 다윈이 다양한 모습으로 남아 있듯이
사람들에게도 여러 가지 흔적을 남겼다고 들었소.

후… 숨 좀
고르고….
나이 드니
힘이 부치네….
지금부터 그가 어떤 모습으로
사람들의 기억 속에 남아 있는지
돌아볼 참이오.

나와 함께
가 주겠소?

● 다윈은 1882년 사망했지만, 거북이 해리엇은 2006년까지 생존했다.

다윈 이전의 진화론

지금은 시간이 지남에 따라 생물이 변하고 다양해진다는 주장이 전혀 낯설지 않지만, 사람들이 처음부터 이런 생각을 했던 것은 아니다.
최초로 체계적으로 생물을 분류하고 종의 개념을 제시한 사람은 고대 그리스의 철학자 아리스토텔레스(Aristoteles, B.C. 384~B.C. 322)[1]로 알려져 있다. 실제 수많은 동물을 수집하고 해부하는 경험을 통해 동물들을 체계적으로 분류한 아리스토텔레스는 모든 생명체는 각각 독립적으로 존재하지만 개별 생물들 사이에는 일종의 위계질서가 존재한다고 생각했다.
그는 생물 종은 단순한 것에서 복잡한 것으로 이어지는 피라미드적 계층 구조를 가지고 있으며, 각 단계에 위치하는 생물 종은 고정되어 있고 불변하지 않는다고 생각해서 이를 '자연의 사다리(Ladder of Nature)'라는 말로 정리했다. 종은 불연속적이며 계층적 차이가 있다는 아리스토텔레스의 개념은 '존재의 대사슬(Great Chain of Being)' 개념의 바탕이 되었다. 즉 기본적으로 자연은 불연속적이며, 각각의 존재들이 저마다 자신에게 알맞은 계층 내의 자리에 위치하는 것을 자연의 섭리로 여겼다는 것이다.
종이 고정되어 불변한다는 아리스토텔레스의 시각은 2000여 년을 이어져 분류학의 아버지로 불리는, 스웨덴의 식물학자 칼 폰 린네(Carl von Linné, 1707~1778)[2]의 동식물 명명법에도 영향을 미쳤다. 린네는 종이 불변한다고 믿었기에 자신이 하는 일은 신이 창조한 생물 종들을 찾아내는 일이라 생각했다. 다만, 린네는 기존 '존재의 대사슬'에서 동물보다 한 단계 위에 위치한다고 여겨졌던 '인간'을 최초로 동물의 일종인 영장류로 분류함으로써 인간을 동물과 대등한 위치에 놓아 논란을 일으켰고, 본의 아니게 다윈의 생물 진화 개념에 영향을 주었다.
이 즈음, 박물학의 발달과 화석 증거의 발견은 많은 이에게 새로운 생각을 품게 했다. 화석으로 출토되는 거대한 생물(특히 공룡)은 많은 이의 머릿속을 복잡하게 만들었다. 종이 창조되어 불변하는 것이라면 화석으로 출토되는 이 거대한 존재들은 과연 어떻게 해석해야 하는가?
18세기 중반에서 19세기 중반에 이르는 동안은 생물 종이 불변하는 것인지 변하는 것인지, 변한다면 어떤 방식으로 이루어지는 것인지에 대한 다양한 의견이 쏟아져 나오던 시기였다.
'진화론의 선구자'로 불리는, 프랑스의 철학

자이자 수학자 겸 박물학자였던 조르주루이 르클레르 뷔퐁(Georges-Louis Leclerc de Buffon, 1707~1788)[3] 백작은 다양한 화석과 표본들을 연구한 결과를 토대로 많은 동물이 같은 조상에서 유래했음을 주장했다. 또한 이미 멸종한 거대한 생물의 화석과 많은 생물에게서 존재의 이유를 알 수 없는 흔적 기관이나 불필요한 퇴화 기관이 존재하는 것을 예로 들면서 현재의 생물 종은 최초의 원형에서 퇴화해 만들어진 것으로 여겼다. 뷔퐁의 개념에 따르면, 인간과 원숭이는 같은 조상을 가지지만 그 원형은 인간이며 '아담의 퇴화한 후손'이 원숭이가 된 것이다.

프랑스의 박물학자였던 조르주 퀴비에(George Cuvier, 1769~1832)[4]는 극단적인 진화론 반대파였다. 다양한 화석 자료를 통해 퀴비에도 과거의 생물 종이 현재와는 다르다는 것을 분명히 알고 있었으나, 이는 천재지변을 통한 멸종의 결과로 보았다. 즉 퀴비에는 지구상에는 몇 차례 신에 의해서 엄청난 격변의 시대가 있었고, 그때마다 대부분의 생물이 사멸하였으며, 변방에 잔존한 소수의 생물이 새로이 번식하고 널리 퍼져 분포하게 되었다고 하는 '천변지이설(天變地異說, Catastrophe Theory)'[•] 혹은 격변설을 주장했다.

퀴비에의 정반대편에는 라마크르가 있었다. 프랑스의 생물학자였던 장 바티스트 라마르크(Jean-Baptist Lamarck, 1744~1829)[5]는 무척추 동물을 분류했고, 고생물학을 창시한 인물이다. 라마르크는 가장 단순한 생물에서 가장 복잡한 생물까지 체계적인 관찰을 통해, 아주 오랜 시간에 걸쳐 생물은 점진적으로 변하며 외부 환경과의 상호 작용을 통해 점점 복잡화되는 경향을 띤다는 점진적 진화론을 주장했다. 비록 그는 점진적 진화의 원동력으로 주장했던 '용불용설(用不用說, Theory of Use

● **천변지이설 (天變地異說, Catastrophism)** 격변설(激變說, catastrophism)이라고도 한다. 현재 지구의 모습은 과거에 일어난 수많은 격변(대규모 화산 폭발이나 지진, 기후의 급변, 대규모 홍수, 소행성 충돌 등)들에 의해 형성되었다고 보는 가설로, 조르주 퀴비에에 의해 최초로 제시되었다. 한편 동일과정설(同一過程說, uniformitarianism)은 격변설에 반대되는 관점으로, 1788년 영국의 지질학자 제임스 허턴(James Hutton, 1726~1797)이 최초로 제시했다. 영국의 지질학자 찰스 라이엘(Sir Charles Lyell, 1st Baronet, 1797~1875)이 1830년 발간한 《지질학 원리(Principles of Geology)》에 채택되어 널리 알려졌다. 근대 지질학의 기초가 된 이론으로서, 지질 현상은 극히 긴 시간 동안 천천히 점진적으로 일어난다고 주장한다.

● **용불용설(用不用說, Theory of Use and Disuse)** 라마르크가 1809년 발간한 《동물철학(Philosophie Zoologique ou exposition des considérations relatives à l'histoire naturelle des animaux)》에서 제시한 개념이다. 생물체가 자주 사용하는 기관은 발달하고 쓰지 않는 기관은 퇴화하는데, 이 퇴화하는 변이가 종의 변화를 이끌어 냈다는 진화를 설명하는 가설의 하나다. 생물 종의 진화에서 환경과의 상호 작용 연관성을 알아냈지만, 생물학적으로는 획득 형질은 유전되지 않는다는 사실로 인해 다윈의 진화론에 밀려났다.

● 독일의 진화생물학자였던 아우구스트 바이스만(August Weismann, 1834~1914)은 1889년 22대에 걸쳐 생쥐의 꼬리를 짧게 자른 뒤에 교배시켜도 여전히 긴 꼬리의 생쥐가 태어난다는 실험 관찰을 통해 라마르크의 용불용설이 틀렸다고 주장했다. (불쌍한 생쥐들….)

존재의 대사슬 가장 꼭대기에는 신(God)이 있으며, 여기서 출발해 아래쪽으로 각각 천사, 악마(혹은 타락 천사), 별, 달, 왕, 왕족, 귀족, 평민, 야생 동물, 가축, 나무, 기타 다른 식물, 보석, 귀금속, 기타 다른 광물질로 이어지고 있다.
https://en.wikipedia.org/wiki/Great_chain_of_being

라마크르의 용불용설(위)과 다윈의 자연 선택설(아래)을 비교한 그림
용불용설은 높은 나뭇가지의 잎을 먹기 위해 자꾸 목을 늘리다가 목이 길어졌다는 획득형질의 유전을 주장했고, 자연 선택설에서는 다양한 목 길이를 가진 기린들 중 키 큰 나무가 많은 곳에서는 목이 긴 기린이 살아남아 후손을 남겼다는 의미를 담고 있다.
http://www.learnbionow.com/taxonomy.html

and Disuse : 자주 사용하는 기관은 발전하고 안 쓰는 기관은 퇴화한다)'*이 오류로 판명돼 퇴색된 감이 없지 않지만*, 종이 변한다는 개념을 체계적으로 제시한 최초의 인물로 꼽힌다. 이와 비슷한 시기에 찰스 다윈의 할아버지이자 영국의 의사였던 이래즈머스 다윈(Erasmus Darwin, 1731~1802) 역시도 생물이 진화한다는 개념을 가지고 있었으며, 이는 그의 저서 《주노미아(Zoonomia)》에 '생물 욕구의 결과 생물은 시간이 지남에 따라 변하고 진화한다'라는 개념으로 나타난다. 진화는 인정했으나 그 추동력을 다른 곳에서 찾은 사람도 많았다. 대표적 인물로 다윈의 스승이자 지질학자였던 애덤 세지윅(Adam Sedgwig, 1785~1873)[6]은 "모든 생물의 점진적 발달은 인정한다. 예를 들어 최초의 어류는 파충류보다 먼저 나타났으며, 최초의 파충류는 인간보다 먼저 출현했다. 우리는 연속적 환경에 적응한 연속적 동물 형태를 알고 있지만, 그런 동물 형태는 진화에 의해 추동된 것이 아니라, 창조에 의해 형성되었다."고 말해, 생물이 변하는 것 자체는 인정했으나 그 추동력은 신이라는 존재의 의지에 의해서였다고 주장했다.

이 밖에도 수많은 학자가 종의 불변성 혹은 종의 변이, 진화와 퇴화, 진화를 일으키는 원동력을 둘러싸고 저마다 의견과 증거를 제시하며 상대를 공격했다. 하루가 다르게 주장이 바뀌었고, 어제의 친구가 오늘의 적이 되는 경우가 허다했기에 사람들과 싸우기를 두려워했던 다윈이 21년 동안 눈치를 보았던 것도 이해는 된다. 그런 점에서 월리스의 존재는 다윈이 더 이상 눈치만 보고 있을 수 없다는 각성을 하게 된 계기가 되었다고도 볼 수 있다.

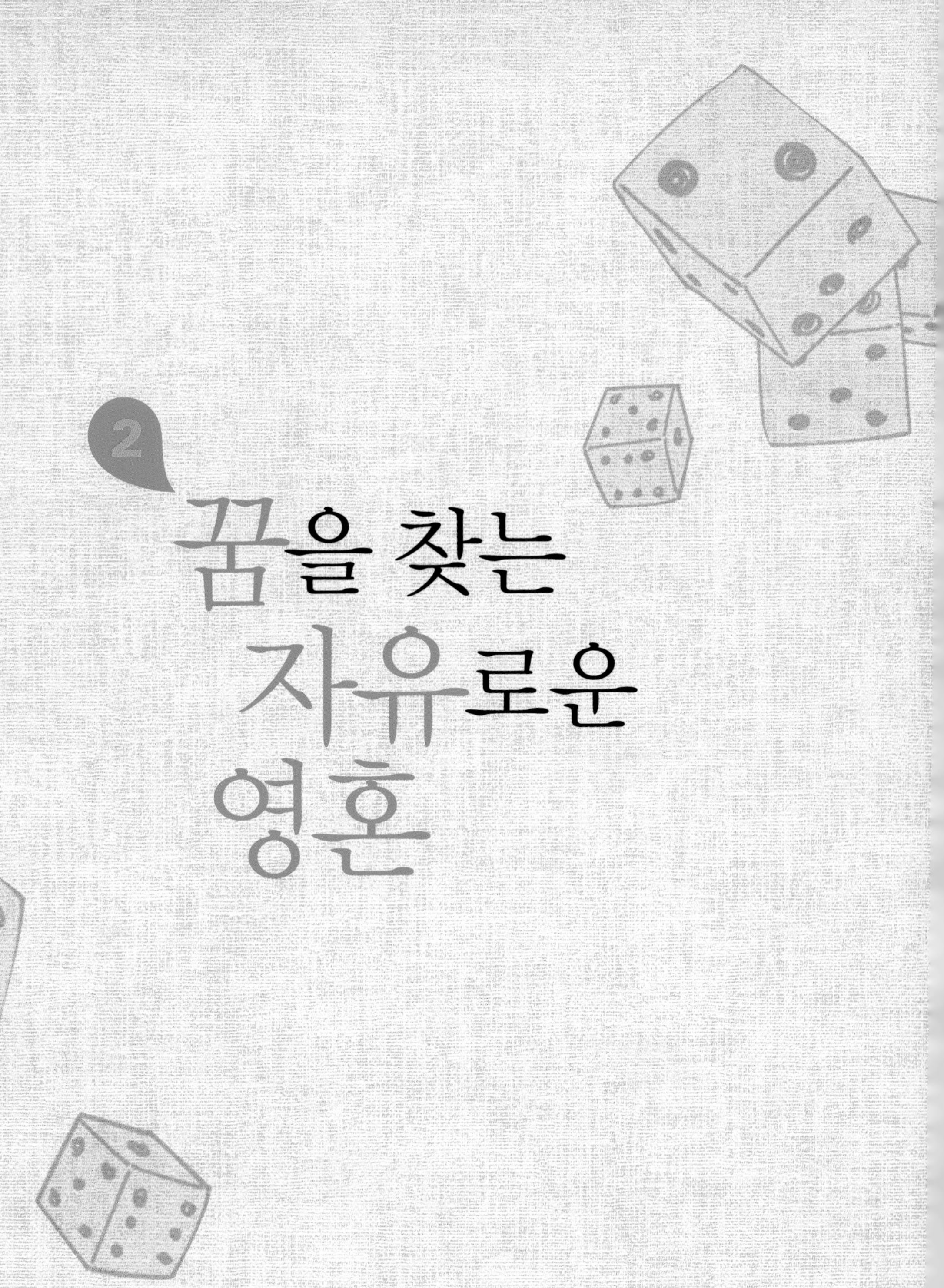

2 꿈을 찾는 자유로운 영혼

찰스 로버트 다윈은 1809년 2월 12일 영국의 슈루즈버리에 있는 마운트 저택에서 아버지 로버트 다윈[1]과 어머니 수재나 웨지우드 사이에서 다섯 번째 아이로 태어났다.
응아!

'찰스'는 큰아버지의 이름에서, '로버트'는 아버지의 이름에서 따온 것이다.
의대를 다니다가 세상을 떠난 큰아버지와 마을에서 유명한 의사인 아버지의 이름을 동시에 물려받은 셈이다.

가족들이 다윈에게 바란 것은 당연하게도…

….
집안의 전통대로 의사가 되어 아버지와 그 형제들의 이름을 계승하는 것이었다.

아버지 로버트 다윈은 슈루즈버리에서 명망 높은 의사였다. 실력도 좋고 환자들에게 자상하다고 칭송이 자자했다.
하하하

하지만 집안에서는 무뚝뚝하고 권위적인 가장이었다.
끼익
이 녀석들!

환자들을 대할 때와 달리 집에서는
엄격하고 까다로운 독재자였다.
어린 다윈에게 130kg이 넘는 거구의 아버지는
저항하기 힘든 거인과도 같았다.

그래도 꼭 나쁜 것만은 아니었다.
부자인 아버지 덕분에 다른 아이들처럼 농사일을
돕거나 공장에서 일하지 않아도 되었으니까.

아버지의 눈에만 띄지 않는다면 자신이 좋아하는
일을 얼마든지 할 수 있었다.
와아아...

어머니 수재나 웨지우드[2]는 여섯 남매를
낳은 뒤 너무 쇠약해져서 침대에 누워
지내는 날이 더 많았다.

결국 어머니는 다윈이 여덟 살이
되던 해 7월, 세상을 떠났다.

짧은 기간이었지만 어머니는
다윈의 삶에 큰 영향을 끼쳤다.

다윈의 어머니는 생전에 온실을 만들어
온갖 이국적인 화초와 나무들을 키웠고,

다양한 품종의 비둘기들을 길러 내는
육종가이자 솜씨 좋은 정원사이기도 했다.

다윈은 친구들에게 정원에 피는
꽃의 색을 원하는 대로 바꿀 수
있다고 허풍을 떨기도 했다.
정말?

가 보자!
물론 그 자신도
'원하는 대로'는
아님을 알고 있었다.

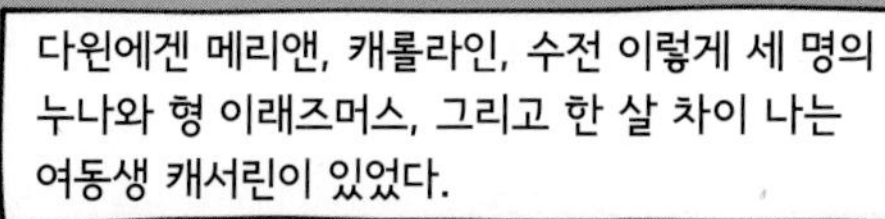
다윈에겐 메리앤, 캐롤라인, 수전 이렇게 세 명의
누나와 형 이래즈머스, 그리고 한 살 차이 나는
여동생 캐서린이 있었다.

어머니가 돌아가신 뒤로는
주로 둘째 캐롤라인이
가정 교사이자 엄마 노릇을
했는데…

다윈은 캐롤라인을 좋아했지만, 남매
사이가 항상 좋지만은 않았다.
내 어린 시절의 기억
중 가장 오래된 건…
누나가 날 벌주기
위해 가둬 두었던
방에서 도망치려고
창문을 깨려 했던
거였어요.

또 한번은 이런
일도 있었지요.

찰스!!!

내가 못 살아.
너 때문에 드레스를
다 버렸잖아.
어! 내 새알!!

이런 잡동사니는
주워 오지 말라고
몇 번을 말했니?!
돌맹이에… 벌레들…
쓰다 버린 봉투까지
도대체 어디에
쓰려는 거야?
아깝다… 새알…
듣고 있니?

온갖 것을 수집하던 다윈은 심지어 이런
일을 저지르기도 했다.
누나!
이것 좀 봐.
또 뭐?

어머! 이거
어디서 났니?
들에서
주웠어.

흔한 과일이
아닌데…
누가 이런 걸
흘렸을까?

어, 선물 받은
파인애플이
어디 갔지?
사실 다윈이 이런 것들을 모으는 건
사람들에게 칭찬받고 싶은 욕망의 엉뚱한
발로였다.

다윈은 누나의 감시를 피하기 위해 '혼자 노는 법'을
터득했다. 바로 어머니의 온실에서 벌레를 잡아
이를 미끼로 낚시를 하는 것이었다.
낚싯바늘에
찔리면 아플 테니
소금물로 미리
죽이자.
퐁
그것도 고통스럽긴
마찬가지라고!!

여덟 살이 된 그는 목사관에 딸린 케이스 씨의 학교에 갔으나 나이 많은 동급생들이 레슬링을 하며 노는 것에 겁을 먹고 피해 다니곤 했다.
찰스, 도와줘!
이랏차!

어머니가 돌아가신 뒤, 아버지는 점점 더 까다롭고 독단적인 사람이 되어 갔다.
찰스, 빨리해! 아버지 다 오셨단 말이야.
특히 다윈에게 더 엄격했다.
아버지, 다녀 오셨어요?
그래.

스윽

네가 이렇게 깔끔하다니… 내일은 해가 서쪽에서 뜨겠구나.
헤헤….

휴… 숨 막혀 죽는 줄 알았어.
오늘은 널 위로할 일이 벌어지지 않아서 다행이네.
이미 낮에 했잖아.

형 이래즈머스[3]는 캐롤라인에게 혼이 나서 의기소침해진 다윈의 기분을 잘 풀어 주었다. 다윈가의 두 아들은 처지가 비슷하여 서로 마음이 잘 맞았다.

형이 준 이 책 정말 굉장한데!
크면 꼭 남아메리카에 가서 이 책에 나온 것들을 보고 싶어!

그래? 근데 일단은 여기부터 가야겠다.
응, 어디?

1818년 9월, 다윈도 이래즈머스가 다니는 슈루즈버리 기숙 학교에 입학했다.
이 건물은 에드워드 6세 때 지어진 거야.
와아… 정말 오래됐네.

사실… 그래서 생활하기는 좀 불편하지.
괜찮아, 형. 최소한 누나들은 없잖아.

하하, 모르지…. 가까워서 수업 잘 받고 있는지 확인하러 올지도….
생각도 하기 싫어!

형과 다윈은 성실한 학생이었지만 기계적인 암기와 암송으로 점철된 학교 공부에는 흥미를 갖지 못했다.
….

형!!

오늘도 실험할 거지?

당연하지. 오늘은 6펜스짜리 백동전을 녹여서 은을 분리할 거야.
와!! 재미있겠다!

화학에 푹 빠진 다윈 형제는 식구들의 호주머니 - 다윈 형제는 이를 '젖 짜는 소'라고 불렀다 - 를 털어 마련한 50파운드로 집 뒤뜰에 실험실을 만들었다. 당시 50파운드는 하인들의 1년치 임금보다 많은 돈이었다.

백동전은 은과 구리를 섞어서 만든 거야.
음….

은은 황산에 녹으니까 황산을 부으면 은만 녹아 나올 거야.

크악, 냄새가 너무 지독해!
참아! 은이 그렇게 쉽게 얻어지면 모두 부자가 될걸?!

헉
헉
헉

예상보다는 잘된 거야.
휴우~
형, 날 조수로 써 줘서 고마워.

형제의 엉뚱한 실험은 계속되었다.

엉?!
도대체 이게 무슨 냄새야?

으악!!
불이야!

여기야,
빨리!

1822년, 이래즈머스는 아버지의 결정에 따라 상급 학교인 케임브리지의 크라이스트 칼리지● 로 보내졌다.
형…
편지할게…

집을 떠난 이래즈머스는 아버지와 동생에게 편지를 자주 보냈다.
흠… 뭘 이렇게 길게… 이 아비가 그리 그리운가….

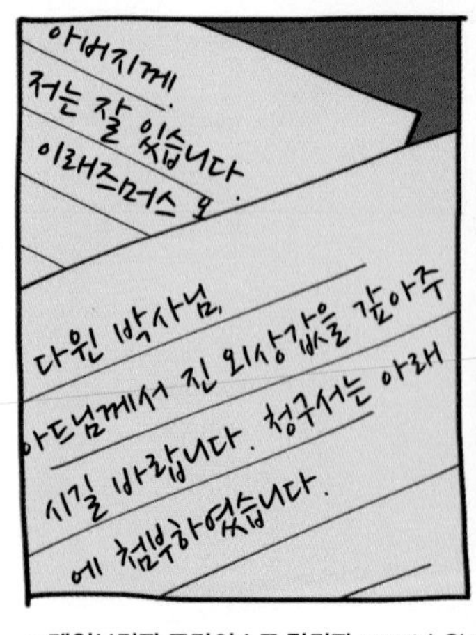

아버지께
저는 잘 있습니다.
이래즈머스 올
다윈 박사님,
아드님께서 진 외상값을 갚아주시길 바랍니다. 청구서는 아래에 첨부하였습니다.

!
두두두두
둑

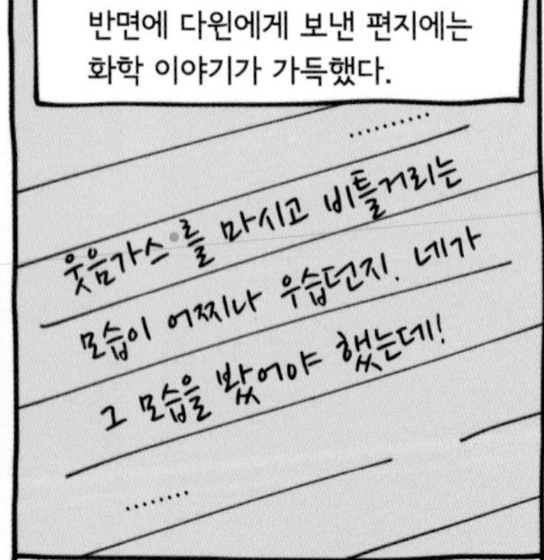

반면에 다윈에게 보낸 편지에는 화학 이야기가 가득했다.
웃음가스●를 마시고 비틀거리는 모습이 어찌나 우습던지. 네가 그 모습을 봤어야 했는데!

● **케임브리지 크라이스트 칼리지** 1437년 윌리엄 빙햄에 의해 설립된 케임브리지의 31개 칼리지 중 하나로, 동문으로는 다윈 형제를 비롯해 《실낙원》의 작가 존 밀턴, 배아줄기세포 배양법을 찾아내 노벨상을 수상한 마틴 에번스 경이 있다.

● **웃음가스** 정식 명칭은 아산화질소(NO)이나, 흡입하면 얼굴 근육에 경련이 일어나 웃는 표정이 지어진다고 해서 웃음가스 혹은 소기(笑氣)라고 불린다. 실온에서 무색, 무취의 가스 형태이며, 흡입 시 기분이 좋아지고 통증을 잊게 해 주는 특징이 있어서 현재는 치과용 마취제로 쓰이곤 한다. 독성은 적은 편이나 장기적으로 남용하면 산소 부족으로 인한 질식, 구토, 조혈 기능 장애, 신경 장애가 나타날 가능성이 있다.

형의 편지는 다윈이 계속 실험에 몰두하는 동력이 되어 주었다.

친구들은 다윈에게 가스 냄새가 난다고 '가스 찰스'라는 별명을 붙여 주었다.

열세 살이 된 그는 사냥이라는 새로운 취미에 빠져들었다.

저러다 찰스가 부잣집 망나니가 되지나 않을지 걱정이에요.
어려서 엄마를 잃은 것이 불쌍해서 저 하고 싶다는 대로 두었더니 안 되겠어.

넌 사냥, 개 경주, 쥐 잡기 말고는 잘하는 게 도대체 없구나!
장차 너와 가족의 명예를 더럽히고 말 거다!

1825년 6월, 다윈은 2년 일찍 학교를 자퇴해야 했다. 아버지의 계획은 확고했다. 의사 가문의 대를 잇게 하겠다는 것이었다.
잘 부탁 드립니다, 교수님.

걱정 마십시오, 다윈가라면 최고의 명문 의사 가문 아닙니까?!
찰스 군도 훌륭한 의사가 될 겁니다.
에든버러 대학은 찰스의 할아버지와 아버지가 의학을 공부한 곳이었다. 로버트는 찰스가 이곳에서 3대째 의사 가업을 이어 공부하길 바랐던 것이다.

1825년 10월,
16세의 다윈은 의대생이 되었다.
형이 여기서 임상 실습을 하다니! 천만다행이야.
하하, 신나게 지내보자.

아버지의 명령에 억지로 집을 떠났지만, 에든버러에서의 생활은 생각보다 즐거웠다.
스코틀랜드 음식 괜찮은데…. 역시 시골하곤 차원이 달라!
저녁에 왕립 극장에서 베버의 오페라를 보자구.

국제도시였던 에든버러에서는 여러 나라에서 온 다양한 사람을 만날 수 있었고, 에든버러의 사교계는 다윈가의 젊은 아들들을 환영했다.

다윈은 그곳에서 새로운 문물을 접하는 기쁨과 집을 떠난 해방감을 즐겼다.
흐흐, 이게 형이 말한 웃음가스구나.
우하하하…
크크큭, 너 표정 되게 웃겨!

하지만 놀기만 한 건 아니었다. 두 형제는 첫 학기에 도서관에서 누구보다 많은 책을 빌렸고, 수집벽이 있는 다윈은 책을 사 모았다.

다행스러운 건 책을 사 달라는 편지에 얼마든지 응답해 주는 부자 아버지가 있다는 사실이었다.
이제 정신들 차렸군….

하지만 의과 대학 수업이 시작되자 다윈은 기숙 학교 때와 별다를 게 없었다.

먼로 교수는 인품도 행동도 너무 저급해서 빈말으로라도 좋다고 말할 수가 없어.
다른 교수들의 강의도 얼마나 지루한지!
비위가 약했던 다윈에게 의학 임상 실습은 환멸만 불러일으켰다.
어… 엄마….
으아아악!
살려 줘요!
저 손놀림을 좀 봐! 어떻게 저렇게 빨리 환부를 도려낼 수 있는 거지?
엄마아!!
외과 수술은 신속함이 생명이니까!●
도대체… 다들 어떻게 이렇게 침착할 수 있는 거지?
아아악!
아이가 울부짖는 소리가 들리지 않는단 말인가?!
도저히 못 참겠어!

● 수술 시 사용하는 마취제는 1840년대 이후에야 도입되었다. 그 시대 이전의 환자들은 수술의 고통을 마취 없이 견뎌야 했기에 당시 외과의사들은 가능한 한 빠르게 수술해서 환자의 고통을 덜어 주는 것이 미덕이었다. 이 어린 환자의 수술 참관 이후 다윈은 의사가 되는 것을 포기했다.

그나마 어린 시절부터 해 오던 산책, 관찰, 수집 등이 다윈으로
하여금 끔찍한 의과 대학 생활을 견디게 해 주었다.

1826년 4월의 어느 날, 다윈은 에든버러 박물관에서
박제를 만드는 존 에드먼스톤[4]을 만나게 된다.

에드먼스톤
선생님,
왜 새들을
박제로
만드시나요?

생물체는 죽으면
부패해서 원형을
잃어버리게 되지요.
하지만 박제를
해 두면 살아 있는
상태의 특성을
그대로 보존할 수
있어요.

이 아름다운 생명체의
모습을 영원히 간직할 수
있다는 게
얼마나 매력적인지!

에드먼스톤은 영국 최고의 박제술 전문가인
찰스 워터턴[5]에게서 박제술을 배운 일류 박제사였다.
이때 박제술을 배운 경험은 훗날 다윈이 비글호에서
생물 표본을 만드는 데 도움이 되었다.

다윈은 에드먼스톤과 함께 지내는 시간 동안 의대 수업의 지겨움을 잊을 수 있었을 뿐 아니라, 부잣집 아들이 경험한 적 없는 노예의 삶과 남아프리카의 이국적인 풍경에 대해 많은 이야기를 들을 수 있었다.

선생님, 저곳은 어디인가요? 책에서나 볼 수 있는 매우 색다른 곳 같은데요?

내 고향 기아나의 열대 우림이에요. 그곳에는 상상할 수 없는 다양한 생물이 살고 있지요.

제 형이 저에게 읽어 보라고 준 책에서 본 곳과 비슷해요.

다윈은 에든버러 대학생이 된 이후 처음으로 맞이하는 여름방학(1826년)이 시작되자마자 고향으로 돌아왔다.

흠… 사냥할 때 새를 움직이는 표적 정도로만 생각했는데, 새란 참 놀라운 생명체구나!
THE CHANDOS CLASSICS
NATURAL HISTORY OF SELBORNE
White
이 책을 읽고 나면 조류학자를 꿈꾸지 않기가 더 어려울 것 같은데….

응?

다윈은 《셀본의 자연사(The Natural History and Antiquities of Selborne)》• 라는 책을 읽으면서 어릴 적 해변을 산책하며 작은 동물들을 발견했을 때 느꼈던 기쁨이 되살아났고, 그때부터 새들의 습성과 서식지를 관찰하며 노트를 작성했다.

중요한 수업을 빼먹고 마음에 드는 강의만 골라 듣는 태도를 고치지 않으면, 네 공부는 전혀 쓸모없는 것이 되고 말 거다!!

의학 공부를 게을리하지 말라는 말씀까지는 이해하겠지만….

이렇게 읽어야 할 도서 목록까지 정해 두시는 건 너무한 거 아니야!?

그래도 할아버지[6]의 책이니 읽어나 볼까.

• **《셀본의 자연사(The Natural History and Antiquities of Selborne)》** 영국의 조류학자이자 자연학자 길버트 화이트(Gilbert White, 1720~1793)가 펴낸 셀본의 자연사 및 생태학 관련 책. 1789년 초판 발간 이후 2007년까지 300판이 넘게 제작된 베스트셀러이다.

《주노미아》…
의학 서적치고는
꽤 흥미로운
책이야.

마음이 몸과
연결되어
있다라….

정말 생물체는
계속 변하는
것일까?

다윈은 이번 학기부터 이래즈머스가 케임브리지로
가서 혼자 에든버러로 가야 했기 때문에 심란했다.

후… 이젠
정말 혼자군.
끼이익

찰스!
윌리엄 선배,
잘 지내셨어요?
암, 잘 지냈고말고.
그보다 자네
플리니우스 학회*에
가입할 생각
없나?
글쎄요…. 뭘 하는
곳인지….
기막힌 곳이야.
가 보면 분명
좋아하게
될 걸세.
?

● **플리니우스 학회(Plinian Society)** 1823년 에든버러의 자연사 교수 로버트 제임슨이 창립했으며, 1세기경 현존했던 그리스 자연철학자 플리니우스의 이름을 따서 만들었다. 우주 전체와 자연에 관한 통찰력 있는 분석을 제시한 《자연사》의 저자 플리니우스의 뜻을 기려 자연 현상에 대한 초자연적 접근의 비판과 급진적 사상들에 대해 자유로운 토론을 중시했다.

정말 신물이 납니다!
표정의 해부학과 철학

인간만의 독특한 감정 표현을 가능하게 하는 섬세하고 특별한 안면 근육을 조물주가 사람에게만 부여했을까요?

그 책… 자칭 '해부학의 지도자'라는 찰스 벨[7]이 썼지요?

하지만 그런 섬세한 설계가 자연적으로 만들어졌을 가능성도 희박하지 않나요?

인간과 동물의 몸에는 본질적인 차이가 없는데, 유독 얼굴 근육만 선택받았다는 건 어불성설이에요.

자자, 모두 진정하시고. 어차피 다음 모임에서 그 책에 대해 비판할 거 아닌가요?

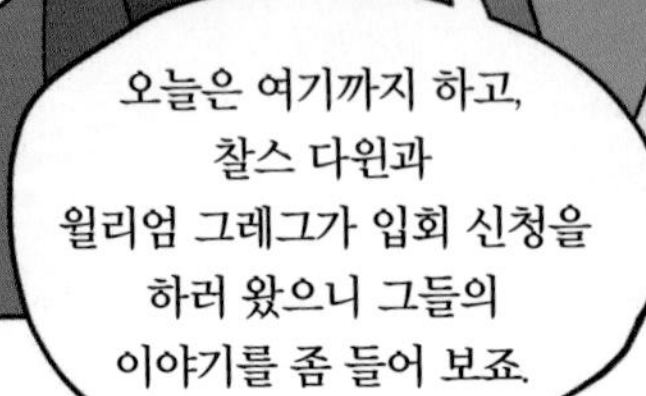
오늘은 여기까지 하고, 찰스 다윈과 윌리엄 그레그가 입회 신청을 하러 왔으니 그들의 이야기를 좀 들어 보죠.

무척 흥미로운 주제입니다. 다음 모임이 기대됩니다.

저는….

오늘 정말
재미있었습니다.
여기 입회 원서
입니다.
입회 원서

분명해서 좋네.
그걸로 입회
자격은 충분해!

당시 영국은 국교회가 강력한 힘을 가진 시대였다. 하지만 이 모임에서는 국교회의 논의가 가볍게 반박당하고, 반체제 과학이 옹호를 받았다.

감수성 예민하고 불만 가득 찬 열일곱 살 소년 다윈은 기존의 권위에 대항하는 플리니우스 학회의 '비딱한 시선을 지닌' 토론에서 짜릿한 흥분을 느꼈다.

1827년 초, 에든버러 인근의 포스만

그랜트[8] 박사님은 해양 생물을
연구하기 위해 의사를
그만두었다고 들었습니다.
그런 결정을 내리시다니….

그게 다
프랑스의
라마르크
때문이지.

프랑스는
영국보다
진보적이야.
사람들은 그를
'생물학의 케플러'
라고 부른다네.

왜 그가 케플러만큼
혁명적인 인사인지는
알고 있겠지?

네. 하지만 그의
주장은 도무지 믿기
힘들어요.
원시 하등 동물이 복잡한
고등 동물로 변했다는 게
말이 되나요?

이런 게 바다에서
기어 나와 인간이
될 수 있다니요?
다윈, 자네는
믿기나?
글쎄… 저도
해양 생물에
관심이 많은데,
라마르크 학설에
대해 좀 더
설명해
주시겠어요?

자네의
구미가 당길
만한 얘기지.
라마르크도 처음엔
생물이 현재 모습 그대로
창조되었다고 생각했다네.
그런데 무척추동물을 연구하면서
점차 생각이 바뀌었지.

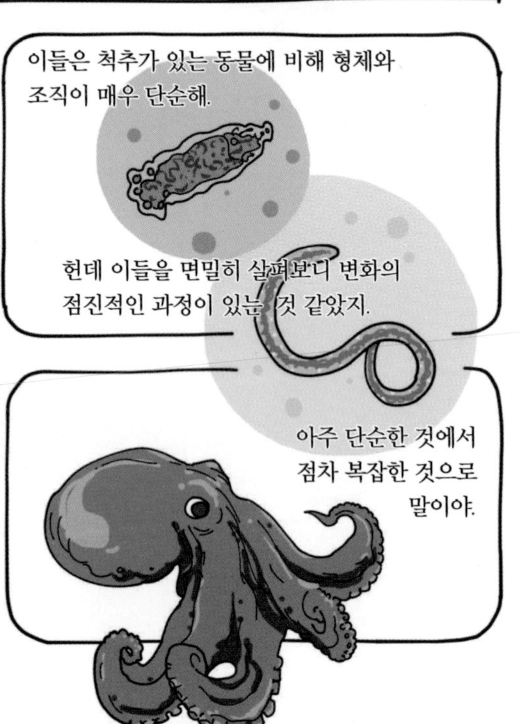
이들은 척추가 있는 동물에 비해 형체와
조직이 매우 단순해.
헌데 이들을 면밀히 살펴보니 변화의
점진적인 과정이 있는 것 같았지.
아주 단순한 것에서
점차 복잡한 것으로
말이야.

라마르크는 아직 고대 그리스의 4원소설을 신봉하고 있었기 때문에 생물의 탄생은 자연 발생적이라고 보았어.

그래서 이런 과정을 거친다고 생각했다네. 무기물이나 죽은 생물체에서 아주 단순하고 원시적인 생물이 탄생하고,
그 생물은 자신의 내부에 사다리를 오르듯 점진적으로 발전하려는 어떤 힘을 가지고 있기에 단순한 것에서 복잡한 것으로 변형되어 가는 거야.

그런데 생물들이 살아가는 환경은 일정하지가 않단 말이야.

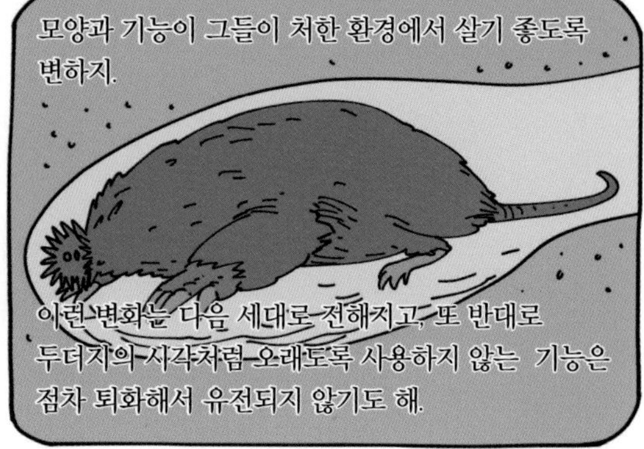
모양과 기능이 그들이 처한 환경에서 살기 좋도록 변하지.
이런 변화는 다음 세대로 전해지고, 또 반대로 두더지의 시각처럼 오래도록 사용하지 않는 기능은 점차 퇴화해서 유전되지 않기도 해.

라마르크는 이처럼 오랜 진화의 과정을 거친 동물들의 분류를 체계화하기도 했어.
편형동물
선형동물
섬모충류
강장동물
곤충
환형동물
연체동물
어류
파충류
조류
단공류
양서류
고래
유제류(소, 말)
유조류
(발톱이 있는 포유동물)
이 정도면 '생물학자'라고 자칭할 만하지.

라마르크는
대단한 통찰력을
지닌 학자였나 봐요.

후후후.
….

라마르크의 이론은
무척 인상적이에요.
제 조부가 쓰신 《주노미아》와도
일맥상통하는 면이 있구요.

맞아, 그 책에서
자네 조부께선 자연의
지속적인 변형을 얘기하고 있지.

하지만 애석하게도
라마르크의 학설은
지금 그의 신세처럼
처량하게 되고 말았지.
우리 영국에서는
씨도 먹히지 않는
허무맹랑한 이야기니까.

내가 해양 생물 연구에
이끌린 건 라마르크
덕분이지만… 그의
자연 발생설에는 나도
믿음이 가지 않거든.

이 단순한 해양 생물들은 내게 암시를 주지. 동물계와 식물계의 모든 생물을 아우르는 공통의 유래 같은 것 말이야.

공통의 유래?
그나저나 해부 솜씨는 지난번보다 나아졌겠지?

아… 예.

1827년 3월 24일, 베르너 학회

그랜트 박사의 새로운 논문이 실렸군. 포리페라(Porifera, 해면동물)가 식물이 아니라 동물이라니… 한바탕 논쟁이 일겠군.

에든버러의 바닷가에서 쉽게 채집할 수 있는 굴 껍데기 속에는 후추 열매처럼 생긴 검은 알갱이들이 발견된다.

이것은 지금까지 바닷말의 포자로 알려져 있었다. 그러나 이번 연구 결과, 바다거머리의 알이라는 사실을 알아냈다.

열혈 친구 다윈, 당신의 발견을 축하하오!
그랜트 박사님!

모두 박사님
덕분입니다.

고독한 산책과 수집을 즐기는 다윈의 기질은
플리니우스 학회와 로버트 그랜트 박사를
만나면서 구원을 받은 듯했다.
하하하.

1827년 4월, 다윈은
의대를 자퇴했다.
자퇴서

해부학 수업도
듣지 않는 내가 계속
의대를 다니는 건
무의미해.
그러나 에든버러에서의 시간이 완전히
무의미하지는 않았다.
플리니우스와 그랜트 박사와의 만남은
그가 자연학자로서 갖춰야 할 자질을
쌓는 지적 훈련의 기회였기 때문이다.

다윈은 슈루즈버리로 곧장 돌아가지 않았다.
스코틀랜드의 이곳저곳을 돌아보았고,
5월에는 수도 런던을 방문하여 그곳에서
캐롤라인 누나와 합류했다.
그 후 그들은 파리를 여행했다.

의사가 아니라면 어떤 직업이 찰스에게 적합할까…?
이녀석 때문에 이마가 더 넓어졌어….

다윈가의 남자가 직업도 없는 방탕한 인간이 되어 유산이나 갉아먹으면서 살게 해서는 안 되는데….
집안에 법률가와 군인은 여럿 있었지만, 그런 일을 하기에 찰스는 너무 자유분방하단 말이야. 그렇다면….

그래, 그렇게 하자!

1827년 7월
도대체 문제가 뭐냐?

다윈은 아버지의 다그침에 침묵했다.
그는 어릴 적부터 대응하기 어려운 일이 생기면 습관적으로 입을 다물었다.
….

신학 대학에 가거라.
예?!!

착실하게 공부를 마치고,
시골 교회 교구 목사가
되면 좋지 않겠느냐?

사회적으로 명예를 지킬 수 있는
직업인 데다가, 주일에 예배를
드리고 교구민들 이야기나
좀 들어 주는 것 외에는 할 일도
별로 없을 것이다.

나머지 시간에 너가 그토록
좋아하는 사냥이나 잡동사니
수집도 충분히 할 수 있을 게다.

물론 목사가 사냥을 하는 것은
어울리지 않는 일이긴 하지만…
그래도 엉터리 의사보다는
나을 것 같구나.

더 이상 시간 낭비 말고 9월
새 학기가 시작되기 전에
결정하거라.

예….
아버지.

신앙에 확고한 믿음이 없는 내가
목사가 되는 건 말도 안 되지만…

그렇게만 된다면
그랜트 박사 같은
생활을 누릴수 있다.

신앙심 깊은 누나들이 있으니…
다시 독실한 신앙인이 되는 게
불가능하지는 않을 거야.

하지만 양심에 걸려.
에든버러에서 과학의 세례를
받은 자로서는 말이야.

파라락

핫…

다윈은 영국 국교회의
성직자들이 쓴 책을 읽으면서
기독교의 교의를 받아들이기
위해 마음을 다잡았다.

핫…

3

운명의 비글호 탐사

형 이래즈머스가
케임브리지로 가게 되었단다.
의사 자격을 취득하기 위해

케임브리지에
가도 외롭지는
않아 다행이야.
찰스, 선생님
오셨다!

찰스! 뭐 하는
거냐?
벌컥
네… 아버지.
가요.

그리스어와 라틴어를
제대로 배워 두지 않으면
수업이 힘들 테니
열심히 배워 두거라.

네….
아버지.
1827년 10월, 다윈은 케임브리지 대학의 크라이스트 칼리지에 자비생• 으로 입학 허가를 받았다.

1828년 1월 26일, 케임브리지 입학식

모든 규칙과 관습을 지키고
대학의 교정에 철저히
따를 것이며…
어떤 상황에서도
그것을 수호하겠습니다!

신과 신의 복음 앞에
맹세합니다!

• 학비 전액을 개인이 부담하는 학생.

찰스, 준비
됐어?

거의 됐어. 근데…
이걸 꼭 써야 하나?

후후, 당연!
학교 단속을
피할 수 있거든.
학교 모자와
가운을 벗었다는 건
곧 탈선 행위를
하겠다는 의도로 읽혀.

오호라, 그렇겠네.
또 다른 건?
다른 거?
당연히
있지요.
절대 여자와 다니는
모습을 눈에 띄게
하지 말 것.
공공장소에서
술에 취하지
말 것.
통금을
지킬 것….
으… 규율이
너무 많아!

하하하.
너무 괴로워
하지는 마.
흥미 진진한 과외 활동도
많으니까.

……
…전 잘 지내고 있습니다…. 학생들은 다양한
클럽을 만들어서 활동하고 있어요.
유명한 클럽들에서 가입 권유를
받았지만, 가입하지 않았어요.
대신 동급생들과 독서 토론을 하거나, 미술
관람, 음악 감상과 연주를 하면서
보내고 있어요….

……….
딱정벌레 수집 열풍이 대단해요. 날마다
새로운 딱정벌레를 발견하고 있어요. 신이
이처럼 다양한 창조물을 만드셨다는 게 믿기지
않아요. 윌리엄[1] 형이 우리 학교에 있어서
정말 많은 것을 배우고 있어요. 형은 자연사
지식의 보고예요….
잡았다!

파라라라
어? 저건…!!
어떻게 하지? 손이 모자라!!

에잇!
덥석

!

악! 퉤퉤.
으윽… 따가워.

다윈 군의 딱정벌레 사랑은 단연 돋보입니다.
하지만….

조심할 필요는 있지요.
특히 폭격기 딱정벌레 같은 걸 입에 넣지는 마세요.
하하하!

봄에는 식물 채집 여행을 가니까, 괜찮다면 함께 가도록 해요. 좋은 경험이 될 겁니다.
!

헨슬로[2] 교수님께 딱정벌레 이름을 여쭤볼 수 있는 것만 해도 감사한데 채집까지 초대 해 주시다니….
최고의 딱정벌레 채집가와 자연 학자가 계신 이 모임을 알게 된 건 제 인생 최고의 행운입니다.

다윈 자네 자연학자로서 자질만 갖춘 줄 알았더니 입에 발린 말을 곧잘 하는군.
예? 무슨…?

아니… 내 지질학 강의는 듣지 않길래….
하하, 오해는 마세요, 세지윅 교수님. 앞으로 관심을 가져 보려고 합니다.

농담일세.
하하하!

1829년, 다윈은 유럽 여행을 하고 돌아온 이래즈머스와 런던의 곤충학 클럽에 갔다.

대단한 수집광에다 채집 실력, 박제술을 갖춘 아마추어 실력자를 만나게 되어 기뻐요.
스티븐스3 선생님, 저야말로 뵙게 되어 영광입니다.

슈롭셔 시절의 친구 호프 목사 덕분에 유명한 딱정벌레 연구가들을 알게 되었고, 그가 속한 클럽에도 가입할 수 있었다.

1829년 6월, 슈루즈버리 집
화려한 선홍색이라…. 멋있어. 하지만….

염증에 헐어 버린 내 입술 같아서 기분이 안 좋군.

내가 여름마다 어떤 상태가 되는지 아는 호프 목사의 선물치고는 너무 빨개.

흐흐, 시험도 대비하지 않고 싸돌아다닌 데 대한 벌인가….

어?! 뭐야?
C. 다윈 님이 수집

오, 스티븐스의 책•에 내 이름이 채집가로 올라가 있다니!
야호!
영국 곤충학 도해

• **《영국 곤충학 도해집(Illustrations of British Entomology, 1828~1846)》** 제임스 프랜시스 스티븐스가 영국에서 관찰된 곤충의 생활사, 출현 시기, 서식지를 묘사해 발간한 10권 분량의 곤충학 도해집.

후… 채집이냐,
리틀 고*냐….
기분이
안 좋아. 3월이니
설마 채집이랑
겹치지는 않겠지….

1830년 3월 25일, 다윈은 채집
하루 전날에 치른 리틀 고 시험에
통과했다.
컴 온 비틀스!

육촌 형 윌리엄이 떠난 뒤 다윈은 헨슬로 교수와 지내는 시간이
많았다. 헨슬로 교수는 여러 면에서 모범이 되었던 터라,
다윈은 그를 진심으로 좋아하고 따랐다.
저기 '헨슬로와
산책하는 사람'이
가는군.

헨슬로 교수는 나의
롤모델이야. 나를
케임브리지로 보낸 아버지의
생각은 옳았어.

쿰 아이드 월 계곡

세지윅 교수님,
저는 저쪽 계곡으로 내려가서
암석 표본을 채집하겠습니다.
음,
그래 주겠나….

* **리틀 고(Little Go)** 당시 영국의 대학에서 학사 학위를 취득하기 위해 치러야 했던 세 번의 시험 중 첫 번째 시험. 정식 명칭은 'Esponsion'이지만, '리틀 고'라는 별명으로 더 많이 불렸다. 평가 과목은 고대 그리스어, 라틴어, 수학이었으며 1960년을 마지막으로 리틀 고 제도는 폐지되었다.

응? 자갈 무더기가
왜 여기 있지?
찰스와 세지윅이 조사한
지역은 빙하의 흔적이 있었다.
그러나 두 사람은 이 사실을
알아차리지 못했다.

다윈은 약 일주일의 지질 조사를 마치고,
바머스로 가서 케임브리지 친구들을 만난 뒤에
슈루즈버리로 돌아갔다.

다윈은 스물둘이 되었다. 목사가 될 나이니
아버지가 적당한 교구를 알아봐 줄 것이고,
머지않아 아담한 시골 목사관에서 틈틈이 찾아오는
교구민들의 사정을 들어 주며 주일마다
예배를 주관하는 교구 목사의 삶을 살게 될 터였다.

그러나 그의 일생을 통째로
바꿀 일이 다가오고 있었다.

자네 혹시
먼 지역으로 오랫동안
자연 조사를 떠나 볼
의향은 없나?

해군성에서
세계 각국의 해안 정보를 얻기 위해
탐사선을 파견한다는 소식은 들었겠지?
이번에 비글호를 남아메리카로 보내서
그곳 해안선을 측량할 예정이야.

그 소식은 들었습니다만,
그 일이 저와 무슨 상관이
있는지…?

이번 탐사는 2년 이상 걸릴 듯한데, 함장은 항해 동안 말동무가 되어 주고 그곳의 식생을 관찰할 자연학자를 찾고 있다네.●
끼익

사실 내가 그 제안을 수락하고 싶은데… 갓 태어난 딸아이와 아내를 두고 떠날 수가 없어서 말일세….
어떤가? 비글호를 타고 전 세계를 누비며 낯선 땅을 접할 기회를 받아들일 텐가?

다윈은 뜻밖의 소식에 어안이 벙벙했지만, 일생일대 최고의 기회가 될 것을 깨닫는 데는 그리 오랜 시간이 걸리지 않았다.
물론입니다. 제가 원하던 일이에요!

8월 29일
헨슬로 교수님과 피콕4 교수님 편지군.

한 달 안에 출항한단 말이지. 이건 분명 내가 바라던 탐사 여행이야….

그런데 아버지를 어떻게 설득 한다지?

다윈은 헨슬로의 소개로 피츠로이5 함장을 만났다. 그는 나이답지 않은 진중함과 어른스러운 풍모를 풍기고 있었다.
또래의 학자와 가게 되어 정말 기쁘군요.
또래?

● 헨슬로는 원래 비글호에 승선할 박물학자로 처남이자 자연학자인 레나드 제닌스(Leonard Jenyns, 1800~1893)를 추천했으나, 자연학자이자 교구 목사였던 제닌스는 교구를 비울 수 없다는 이유로 이를 고사했다. 이에 헨슬로 자신이 승선할 마음을 먹었지만, 임신한 아내의 반대로 인해 결국 다윈에게 기회가 넘어간 것이다. 이후로 제닌스는 다윈과 편지를 주고받았고, 그의 대변인을 자처했다.

그렇군. 대위께서 스물 여섯이니 다윈 군과는 네 살 차이겠군요.
헐… 군인은 역시….

선생은 유서 깊은 명문가 출신으로 자연학에 조예가 깊다고 들었습니다.
하하
과찬의 말씀이에요.

비글호에는 과학 조사용 장비들이 완벽하게 갖춰져 있으니 선생처럼 젊고 열정과 의지가 있는 분이라면 충분히 많은 일을 해낼 수 있을 거라 믿습니다.

당시에는 귀족 출신의 함장과 평민 출신의 선원들 사이에 명령을 내리고 받는 것 외에 사적으로 교류하지 않는다는 불문율이 있었다. 그래서 귀족 가문의 재치 있는 젊은이나 학식이 풍부한 젊은 신사를 데려가는 경우가 종종 있었다.

피츠로이 함장은 비글호가 탐사 임무를 띤 조사선이므로 이왕이면 현지에 도착했을 때 현지 식생을 조사할 수 있도록 자연사 지식도 갖춘 사람을 원했다.

1831년 8월 30일

안 된다!

뭐야? 누나들마저 아버지 편인 거예요?

그게 아냐, 찰스. 우린 네가 걱정되는 것뿐이야. 바다는 위험한 곳이야. 더구나 세계를 항해하는 배라니….

너를 추천한 그 헨슬로란 교수는 제정신이냐? 도대체가….
제대로 된 사람 중에 그걸 수긍하는 이가 한 명이라도 있다면 허락해 주마.

다윈은 아버지를 설득하는 데 실패했다.

그는 마음을 달래기 위해 외가에 갔는데…

그곳의 반응은 사뭇 달랐다.
우리는 찬성인걸.

찰스, 아버지가 나한테 조언을 구하고 있구나. 난 네 결정을 지지한다.

와아, 정말이세요?!
그럼 외삼촌이 저를 좀 도와주세요.

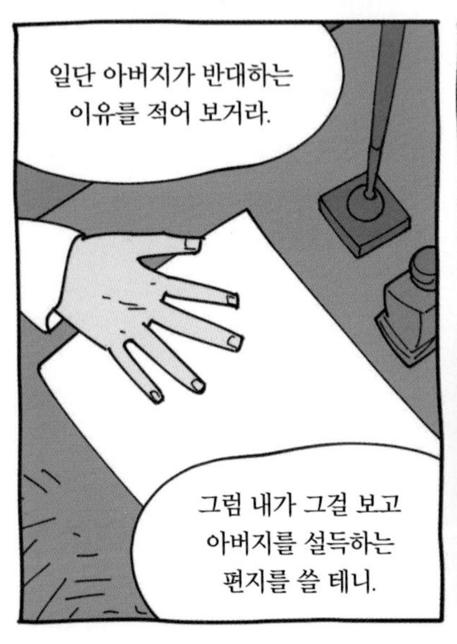
일단 아버지가 반대하는 이유를 적어 보거라.
그럼 내가 그걸 보고 아버지를 설득하는 편지를 쓸 테니.

고맙습니다. 외삼촌.

….

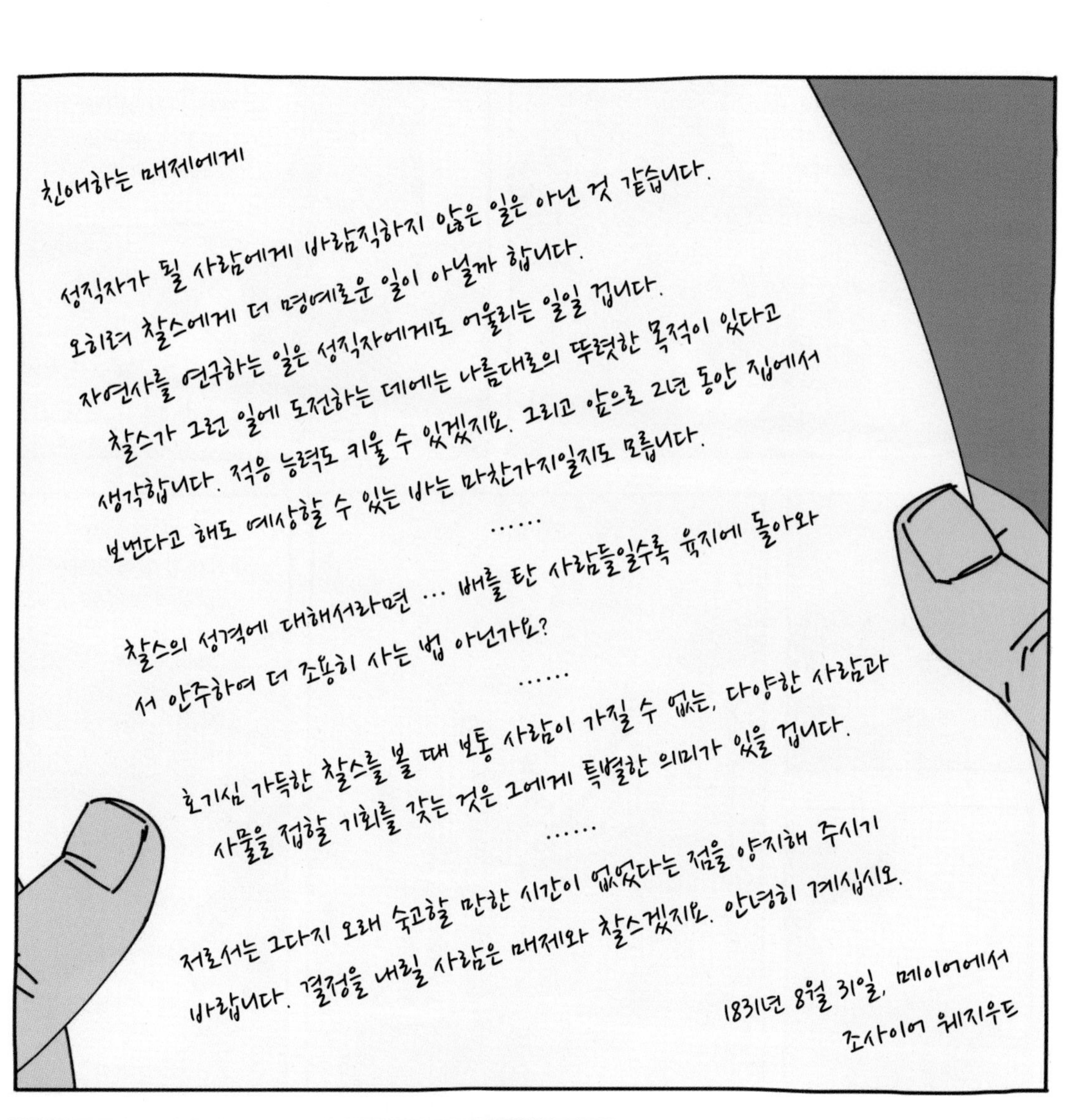

친애하는 매제에게

성직자가 될 사람에게 바람직하지 않은 일은 아닌 것 같습니다.
오히려 찰스에게 더 명예로운 일이 아닐까 합니다.
자연사를 연구하는 일은 성직자에게도 어울리는 일일 겁니다.
찰스가 그런 일에 도전하는 데에는 나름대로의 뚜렷한 목적이 있다고
생각합니다. 적응 능력도 키울 수 있겠지요. 그리고 앞으로 2년 동안 집에서
보낸다고 해도 예상할 수 있는 바는 마찬가지일지도 모릅니다.

……

찰스의 성격에 대해서라면 … 배를 탄 사람들일수록 육지에 돌아와
서 안주하여 더 조용히 사는 법 아닌가요?

……

호기심 가득한 찰스를 볼 때 보통 사람이 가질 수 없는, 다양한 사람과
사물을 접할 기회를 갖는 것은 그에게 특별한 의미가 있을 겁니다.

……

저로서는 그다지 오래 숙고할 만한 시간이 없었다는 점을 양지해 주시기
바랍니다. 결정을 내릴 사람은 매제와 찰스겠지요. 안녕히 계십시오.

1831년 8월 31일, 메이어에서

조사이어 웨지우드

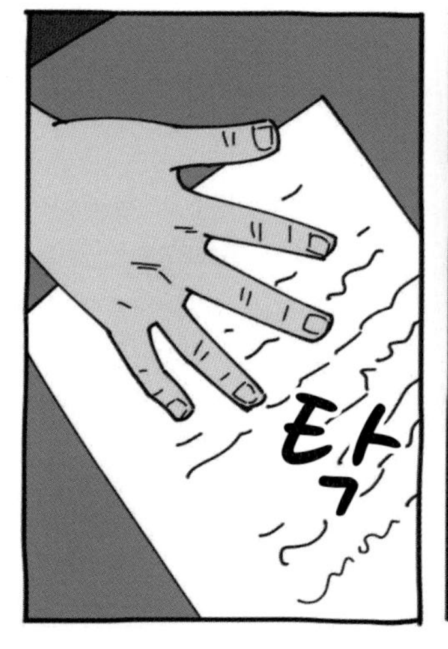
탁

….

비글호를 타는 동안
받는 수당보다 돈을 더
쓰기는 쉽지 않을 거예요.
하하…

거참, 다들 네 재주가
보통이 아니라고
얘기하더구나.
헤헤…

가거라.

아버지,
감사합니다!

1831년 9월 5일, 해군성

다윈 씨, 피츠로이
대위가 할 말이 있다니
좀 들어 보겠소?
네, 보퍼트[6]
대령님.

다윈 씨, 아직도
승선하신다는 생각은
변함 없습니까?
당연하죠.

저야 기쁜데… 일단은 제 얘기를
들어 본 뒤 마음을 정하는 게
좋을 것 같소.
?

몇 가지
변동 사항이
생겼소.

항해는 2년이 아니라 3년 가까이 될지도 모릅니다. 한가로운 세계 일주를 기대하진 마세요.
객실은 비좁고 식사는 저와 함께 하지만 와인 없이 간소하게 제공될 겁니다.

그리고 귀향하기까지의 비용은 직접 부담하셔야 합니다. 해군성이 책임지지 않는다는 말입니다.
!

그래도 가시겠소?

무… 물론 이지요.

비글호에는 과학 조사용 장비들이 잘 갖춰져 있으니 선생처럼 젊고 열정이 있는 분이라면 많은 일을 해낼 수 있을 겁니다.

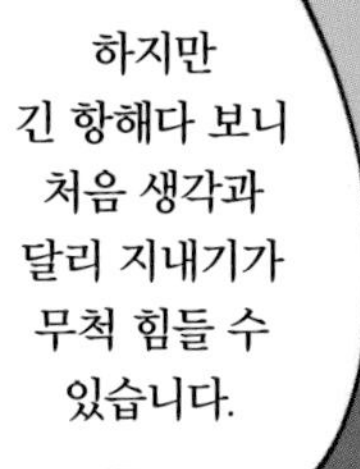
하지만 긴 항해다 보니 처음 생각과 달리 지내기가 무척 힘들 수 있습니다.

항해 중에라도 원하면 언제든지 돌아가도 좋습니다.

다윈은 이 같은 부정적인 사실들을 듣고도 마음을 접을 수가 없었다. 그는 주말까지 런던에 계속 머물면서 피츠로이와 함께 시간을 보냈다.

생각보다는
작군요.
낡기도 했지요.
하지만 실망
하긴 일러요.

수리가 끝나고 나면
최신 기술로 무장한
새 배가 될 겁니다.
그렇게 된다면
다행이지만….

남아메리카 측량 조사는
5년 전에 시작되었어요. 이 대륙이
얼마나 풍요로운 곳인지는
잘 알고 있을 테지요.
미국과 스페인을 이기려면
정확한 해안 지도를 만들어야 해요.

배는 임무를
수행하는 데 이상
없을 만큼 좋아질
겁니다.

다윈은 슈루즈버리로 돌아
가기 전 케임브리지로 가서
헨슬로를 만났다.
자네가 보내는
표본들은 내 잘
보관하지.
그리고
내 선물일세.
탁
!

훔볼트[7]의
신대륙 열대
지역으로의
여행
찰스 라이엘[8]
지질학 원리

4 아름답고 흥미로운 자연사 여행

1831년 12월 초, 플리머스* 항

다윈이 마운트를 떠난 건 10월 2일이지만 아직도 대서양이 아닌 영국에 있었다.
피츠로이가 순항에 필요한 동풍이 불 때까지 기다리기로 결정했기 때문이다.

영국에서 보는 패니[1]의 편지도 이번이 마지막이군. 이제 다른 생각은 말아야지.
마음이 약해져서 항해를 포기하고 싶어진단 말이야.

똑똑

찰스!
형!

하하하.

비글호에는 경도를 측정하는 크로노미터가 무려 24개나 된다니까!

내일 출항한다니 모두 잘 다녀오시길 바랍니다.

* **플리머스(Plymouth)** 영국 잉글랜드 남서단에 있는 항구 도시. 1620년 아메리카로 가는 영국 이민자들을 태운 메이플라워호가 출발한 군항이다.

쏴아아아
….

하하. 좋게 생각해.
하루의 여유가 생겼네.

1831년 12월 10일 플리머스 항구, 비글호 첫 출항일
돛을 올려라!

촤아악

우웨엑!

12월 11일 아침
도저히 안 되겠소.

풍랑이 너무 심해서
회항해야겠소!

12월 21일, 비글호는 두 번째 출항을 시도했으나
다음 날 또다시 세찬 남서풍이 불어 되돌아와야 했다.

12월 27일, 모두가 바라던 동풍이 불었다.

그렇게 기다렸던 출항이었건만
다윈은 아무런 감흥도 일어나지
않았다.
몇 번째인지…
벌써 이골이
난 것 같아.

우웨엑!

쿵
아얏!

아… 뱃멀미가 이토록
고통스러운 것이었다니.
아버지 말씀을 들을 걸
그랬나….

비글호는 테네리페 섬을 지나쳐 가고 있었다.● 다윈이 비글호를 타기 전 헨슬로 교수와 여행을 계획했던 섬이다.
오직 독서만이 지긋지긋한 뱃멀미와 후회를 막아 주는 유일한 치료제였다.
… 현재와 마찬가지로 과거에도 격변 같은 것은 없었다. 세계는 아주 오랜 시간 동안 서서히 변해 왔다.
… 때문에 기후, 화산 활동, 지각 운동만으로 충분히 옛 세계를 설명할 수 있다….
지질학
다윈 씨, 그런 그물로는 먹을 만한 걸 잡기 힘들어요.
촤악
하하, 그게 아니라 이곳 바다에는 뭐가 사는지 보려는 거예요.

● 영국에서 콜레라가 발생했다는 소식에 테네리페에서는 비글호가 12일 동안 격리된 곳에서 검역을 마친 다음에야 입항할 수 있다고 통보했다. 이에 피츠로이는 12일을 기다릴 수는 없다고 판단해 항해를 재개했다.

파다닥
파닥

모두 난생처음 보는 생물들이야!
오, 하나님… 정말 신기한 게 많군요. 신의 능력이란 참….

그러게요. 신은 왜 이토록 다양하고 아름다운 존재들을 광활한 바다 가운데 꼭꼭 숨겨 두었을까요?
신의 예술 감각을 칭송할 인간들 근처에 두었으면 좋았을 텐데….

하하하, 다윈 씨. 보물은 어렵게 얻어야 더 귀한 법이지 않소?

부욱-
아니면… 생물의 창조에는 처음부터 아무런 목적이 없었을지도 모르죠.

하하, 설마 그럴 리가…. 하하.

하하하
….

1832년 1월 16일
와아! 드디어 아메리카에 도달했구나!

하하, 다윈 씨. 저곳은 카보베르데 제도의 상티아구 섬입니다.
아프리카 최서단 해안에서 480km 정도 떨어진 곳이지요.

척

기사들이 관측소를 설치하고 해안선을 측량하는 동안에 선생은 이곳의 식생들을 관찰하고 생물들을 수집하세요.

네. 그러지요.

관찰할 게 있다면 말이죠….
황량해…
생각했던 거랑 다르네….

섬 안쪽에는 수풀이 꽤 우거져 있군.

!

푸다다닥

야생 고양이인가?

물총새다!
쉬익

풍덩
….

촤악!
와우!!

바오바브나무….
허… 허….
정말 크군.

여긴 바다도
아닌데 저렇게 높은
곳에 조개와 산호가
있을 수 있나?

당시 이 생물들이
육지에 살았던 것이 아니라면
저 높이에서 조개와 산호의
화석이 발견되는 이유는…
당연히….

예전에는 이 지역
전체가 바닷속에
있었던 것이
아닐까?

그렇다면 지금은
왜 육지인 거지?
이건 격변설로는
설명이 안 돼.

《지질학 원리》* 에서
라이엘 교수가 말한
점진적 변화가
옳다는 건가?

앞으로 여행할 곳에서
지질학적 자료를 수집하고
기록하면 나도 라이엘 교수처럼
훌륭한 지질학책을 쓸 수
있을 거야.

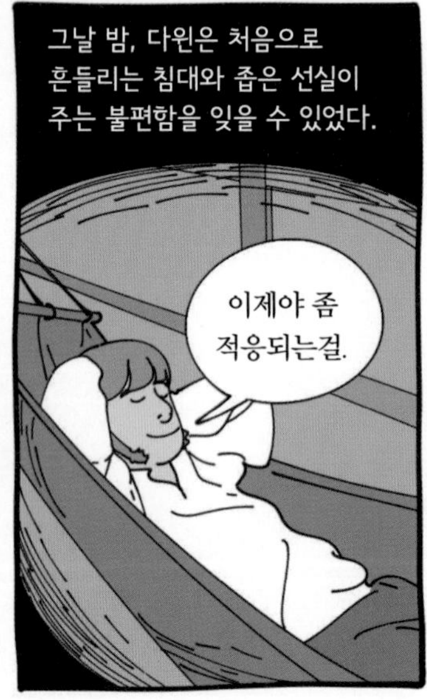
그날 밤, 다윈은 처음으로
흔들리는 침대와 좁은 선실이
주는 불편함을 잊을 수 있었다.
이제야 좀
적응되는걸.

* **《지질학 원리》(Principles of Geology, 1830)** 찰스 라이엘 지음. 라이엘은 자연 현상에서 초자연적인 것은 없다고 생각하여 허튼(James Hutton, 1726~1797)의 동일과정설을 바탕으로 오랜 세월 동안 느리고 점진적으로 일어나는 지각적 변이의 누적으로 지질학적 현상들을 설명했다.

1832년 2월 16일
비글호가 적도를 넘어 남대서양으로 넘어가자 태양은 한낮 동안 북쪽에서 빛나기 시작했다.

밤에는 낯선 별들이 떠올라 길잡이가 되어 주었다.
오! 신성한 남십자성이여!

다윈은 낯설고 이국적인 풍경을 즐기는 법을 터득했으며, 배가 새로운 섬에 이를 때마다 그곳에서 눈에 띄는 화석과 암석 표본과 동식물들을 채집했다. 비글호는 무역풍을 타고 브라질로 이동했다.

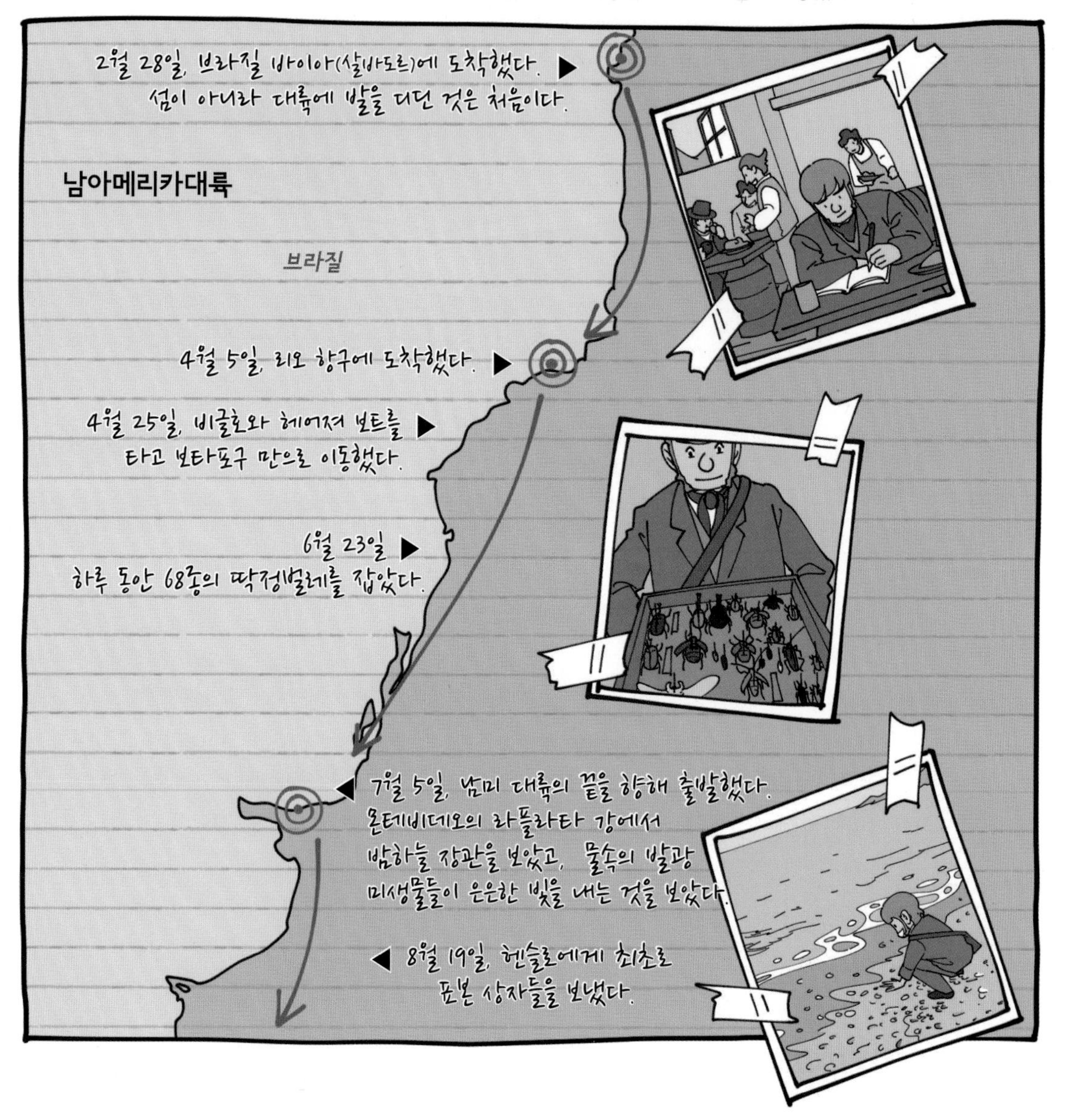
2월 28일, 브라질 바이아(살바도르)에 도착했다. 섬이 아니라 대륙에 발을 디딘 것은 처음이다.
남아메리카대륙
브라질
4월 5일, 리오 항구에 도착했다.
4월 25일, 비글호와 헤어져 보트를 타고 보타포구 만으로 이동했다.
6월 23일 하루 동안 68종의 딱정벌레를 잡았다.
7월 5일, 남미 대륙의 끝을 향해 출발했다. 몬테비데오의 라플라타 강에서 밤하늘 장관을 보았고, 물속의 발광 미생물들이 은은한 빛을 내는 것을 보았다.
8월 19일, 헨슬로에게 최초로 표본 상자들을 보냈다.

파타고니아 해안을 오르락내리락하며
1차 해도를 작성했다.
바이아블랑카 해안의 수면 근처에서 악모 있는
벌레(모악동물) 무리를 발견했다. 이 벌레의
크기는 0.5mm. 고성능 현미경으로 관찰했다.
가우초(백인과 인디오의 혼혈)들이
아르마딜로 요리와 낙타 알 덤플링을
만들어 주어서 먹었다.
친애하는 헨슬로 교수님.
그동안 잘 지내셨는지요. 지난번에 편지를 드린 이후 새로 도착한 지역에서도 새로운 화석과
지질학 표본을 많이 채취했습니다. 표본들이 꽤 많아 그중 일부와 함께 그동안의 관찰 일지를 보내 드립니다.
… 저는 이곳에서 새로운 표본들을 채집하는 즐거움에 하루가 어떻게 지나가는지도 모릅니다.
지긋지긋한 뱃멀미도 새로운 표본에게로 다가가는 통과의례라고 생각하니 견딜 만합니다.
… 저는 요즘 하루하루 사자에게 먹이를 물어다 주는 자칼이 된 심정입니다만,
사자가 자칼이 물어다 주는 먹이를 아주 요긴히 쓴다는 사실을 알고 있기에 전혀 힘들지 않습니다.
그럼 이만 줄이겠습니다.
남대서양 한복판에서, 찰스 다윈 올림

푼타알타 만

조심… 조심…
조심해 주세요.

이 특이한 이빨.
이건 메가테리움•의
아래턱뼈일 거야.

헨슬로 교수님, 제가 알기로 영국을 통틀어 남아프리카의 대형 화석은 왕립외과의사협회가 입수한 땅나무늘보 화석 한 점뿐입니다….
최근 며칠 동안 제가 발견한 것은 대부분 완전히 새로운 종인 것 같습니다. 아주 오래전 이 거인국에 살았던 대형 포유류들이 무엇인지 빨리 알고 싶습니다….

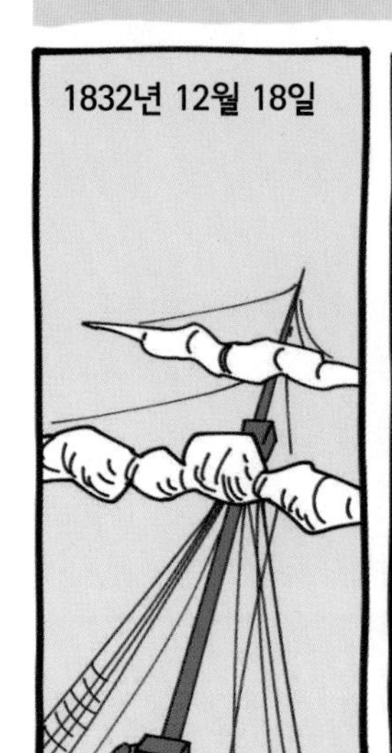
1832년 12월 18일

다윈 선생이 비글호에 오른 지도
벌써 1년이 다 되었군요.
선생 모습도 많이 변했습니다.
그건 알고 있지요?

볕에 그을려
피부는 새까매지고,
살도 빠져서 볼품
없어지고 있어요.

하하, 내 말은
뭐랄까… 선생은
처음에 어린아이
같았다오. 신기한
돌멩이라면 주머니가
찢어지도록 주워 담는
어린아이 말이오.

그런데
요즘은 어른이
된 것 같소.
'철학하는 사자'가
되어 가고 있다고나
할까?
왜 이곳에 이런 종류의
화석이 존재할 수밖에 없었는지,
논리적으로 설명할 수 있는 방법에는
무엇이 있는지를 고민하고 가설을
세우는 모습이 보인단 말이오.

드디어
도착했군요…

• **메가테리움(Megatherium)** 신생대 제4기 플라이스토세(164만~1만 년)경 남아메리카에 서식하던 거대한 땅늘보속 동물이다. 몸길이 6~8m, 몸무게 3톤으로 나무늘보와는 달리 땅 위에서 생활하며, 나뭇잎을 먹고 살았던 것으로 추정된다. 플라이스토세 말엽에 멸종했다.

푸에고인들의 땅에 말이죠….

….

… 짙은 색의 피부에 검은 고수머리를 가진 세 명의 선교사들 외모는 이곳의 미개 종족과 쌍둥이처럼 닮았다.

… 이곳 출신이었던 세 명의 푸에고인 선교사들은 이제 완벽한 신사숙녀가 되어 있었다. 하지만 그들과 동일한 외모의 원주민들은 차마 인간이라고 부르기에도 민망할 정도의 생활을 하고 있었다….

… 야만인과 문명인은 완전히 다르다. 그 차이는 야생동물과 집에서 기르는 동물의 차이보다 훨씬 크다. 야생의 인간은 비참한 동물과 같다. 심지어 이곳의 야만인들은 마치 다른 세계의 악령들처럼 보여 그들에게 같은 인간 종이라는 지위를 주기가 꺼려질 정도이다. 하지만 저들 셋을 보면 이들도 문명화를 통해 우리와 같은 인간임을 이미 입증한 바 있다. 도대체 종이란 무엇이고, 인간성이란 무엇일까? …

… 황무지란 인간의 하찮음을 보여 준다. 인간이 이보다 더 권위를 갖지 못하는 풍경은 좀처럼 상상하기 힘들다. 인간이 만물의 영장이며 주인이라고? 자연의 거대한 힘은 인간의 통제를 경멸하는 듯 보이며, 거대한 자연 앞에서 인간은 그 어떤 주도권도 갖지 못한다….

푸에고인이었던 제미 버튼의 모습. 그는 미개한 야만인과 문명화된 신사의 모습을 동시에 보여 주어 다윈을 혼란에 빠뜨렸다.

다윈은 지금은 완전히 사라진 동물인 메가테리움과 마스토돈*의 화석을 발굴했다.
이들 화석을 발견하는 동안 다윈의 종 불변성에 대한 회의는 점점 커져 갔다.
라이엘 교수의 말처럼 지층은 순차적으로 변하는 것이 확실해.
어쩌면 생물도 순차적으로 변하는 것인지도 몰라.
하나의 종이 죽고 나면 그 빈자리를 다른 종이 채우는 거지.
왜 그런 일이 일어나는 거지? 왜 하나의 종이 계속해서 지속되지 않는 거지?
어떻게 해서 하나의 종 전체가 마치 칼로 베어 내기라도 하는 것처럼 한꺼번에 사라지는 거지?
아!
다윈은 얼마 전 칠레의 한 섬에서 특이한 방식으로 자라는 사과나무 군집을 본 적이 있는데…
섬을 온통 뒤덮은 나무는 매우 특이한 방식으로 군체를 불려 나가고 있었다.

* **마스토돈(mastodon)** 신생대 제3기 마이오세에서 4기 플라이스토세에 걸쳐 살았던 동물. 코끼리와 비슷하지만 체구가 작았고, 엄니가 매우 발달했다. 식물을 먹고 살았다. 주로 북아메리카 북동부에서 서식했으며, 현재는 멸종했다.

자라면서 가지 아랫부분에 고깔 모양의 돌기가 생기고, 고깔돌기가 꺾꽂이로 번식을 했다.
한 숲의 사과나무들이 모두 고깔돌기를 이용해 영양 번식을 한 것이니까 이들은 모두 하나의 개체라고 할 수 있군.
새로 심은 고깔돌기는 18개월이면 다시 꺾꽂이가 가능한 돌기들을 만들어 낼 수 있으므로 씨를 심는 것보다 훨씬 빠르게 번식했다.
모두 하나의 뿌리에서 나온 한 몸이니까 말이야.

섬의 사과나무들은 꺾꽂이를 통해 딸나무들의 개체 수를 비약적으로 늘릴 수 있었지만…
이들의 수명이 늘어나는 것은 아니므로 언젠가 어미나무의 수명이 다하는 순간 딸나무들도 수명을 다할 것이다.

내 몸의 조직들 모두 내가 죽을 때 약간의 시간차는 있겠지만 같이 죽는 것처럼 말이다.
피츠로이 대위, 선실도 좁은데….

웬 도자기를 이렇게 사 모으는지….
같은 논리로 메가테리움의 절멸에 대해서도 설명할 수 있지 않을까?

다윈은 자신의 생각을 증명하려면 더 많은 샘플이 필요하다는 것을 깨달았다.
다윈 선생님?!

이번에 보내실 소포는 어디에 있나요?
깜짝이야….
아, 탁자 옆에 있어요. 이번에는 곤충 표본과 박제된 새가 많으니 포장에 특별히 주의해 주세요.

어이쿠, 많기도 해라. 이걸 다 다윈 선생님이 직접 만드신 겁니까?

제가 박제를 만들기는 했지만 새들을 잡고 가죽을 벗기는 건 코빙턴[2] 군이 했답니다.

1835년, 피츠로이 함장과 비글호 선원들은 9월 15일부터 10월 20일까지 약 한 달 동안 갈라파고스 제도에 머물며 자세한 해도를 작성하고 측량 작업을 실시했다.

다윈은 이들과 별도로 움직이며 동물학과 지질학 조사를 벌였다.

1835년 9월 15일, 페루의 리마를 떠난 지 일주일이 되었다. 갈라파고스 제도의 섬들 중 남아메리카 서해안에서 가장 가까운 채텀 섬이 바라다보였다. 에콰도르에서 약 970km 떨어진 곳에 위치한 19개의 화산섬을 모두 일컬어 갈라파고스 제도라고 한다. 갈라파고스는 에스파냐어로 '안장(鞍裝)'이란 뜻이다. 1535년 파나마 주교가 페루로 가던 중 바람에 떠밀려 우연히 발견하면서 기록을 남겼는데, 이 섬들에서만 서식하는 독특한 거북이 있었다. 대륙에서 멀리 떨어져 있어 육지와 교류는 거의 없고, 토착민조차 살지 않는 무인도였다.

에콰도르에서 이 섬의 영유권을 주장하면서 죄수들을 이주시킨 게 고작 3년 전의 일이라오.
외부 세계엔 전혀 알려져 있지 않은 미지의 땅이군요.

같은 날, 채텀 섬(산크리스토발 섬)

한낮이라
그런지 제법
더운걸.

쉬잇!!

이곳은 파충류 천국이군요. 하나같이 거대한데, 또 하나같이 지독히도 못생겼네요.

와! 정말 겁 없는 새군요.
하하하, 코빙턴 군이 좋은가 봐.

10월 8일, 제임스 섬● (산티아고 섬)
다윈 선생, 핀치를 잡았는데 한번 보겠나?

선생님, 저도 핀치● 한 마리를 잡았습니다.

어? 다른 종인가?
그게….

● **제임스 섬** 찰스 섬과 마찬가지로 영국 스튜어트 왕가의 왕 이름을 딴 것.

● **다윈의 핀치(Darwin's finches)** 참새목 풍금조과에 속하는 작은 새로, 남미 연안의 갈라파고스 제도의 섬들에 사는 작은 새(몸길이 10~20cm, 몸무게 8~35g)들을 일컫는 별칭이다. 약 300만 년 전, 갈라파고스 제도 북쪽에 존재했다가 이제는 바닷속으로 가라앉은 섬들을 따라 남아메리카 지역에서 이주했다가 돌아갈 길이 막혀 각각의 섬에서 환경에 맞게 진화한 예가 되었기에 '다윈의 핀치'라는 별명이 붙었다.

이 새들은 도저히
식별 불능이야.
뭐가 뭔지 모르겠어.

느려 터진 주제에
사람을 무서워하질
않다니. 세상일이
이 거북 잡기만큼
쉬우면 얼마나
좋겠수?
그러게 말이오.
덕분에 고기
걱정은 안 해도
되겠어.

사람에게나 동물들에게나 이렇듯 철저히 쓸모없는 땅을 찾기는 어려울 듯하다. 이 섬들은 바다에서 솟아오른 지 얼마 되지 않아 몹시 척박했다. 신기한 토착종들은 많았지만 열대의 생물들처럼 화려하거나 매혹적이지는 않았다.

비글호는 타히티를 거쳐 뉴질랜드로 향했다.
다윈은 타히티에서 본 환초가 생각났다.
이렇게 작고 예쁜
산호들이 어떻게
거대한 환초를
이루는 걸까?
아마 이런 과정으로
형성된 것은 아닐까?
1단계 : 섬을 둘러싼 가장자리를 따라 산호초가 착생하기 시작해서 거초가 형성된다.
2단계 : 거초는 섬의 침강과 해수면 상승으로 섬과 거초 사이에 넓은 초호가 있는 보초로 변해 간다.
3단계 : 섬이 완전히 침강하고 나면 둘러싼 둥근 산호초 군락만 남아 환초를 형성한다.

1835년 12월 19일 저녁,
뉴질랜드의 북단이 모습을 드러냈다.

세상에! 새끼를 주머니에 넣어서 키우는 동물이 존재하다니!

유대류는 다른 포유류들과 해부학적 구조와 습성이 너무도 다르군!

내가 무신론자였다면 분명 두 창조주가 서로 따로따로 동물을 만들었다고 생각했을 거야.
태반포유동물
유대류

잠깐!
정말 '다수의 창조자'가 존재했을 수도….

가만, 내가 지금 무슨 생각을 하는 거야!?

다수의 창조자라니, 불경한지고! 신학대를 졸업한 예비 목사가….

맙소사! 이건 또 뭐야!??

포유류처럼 털가죽으로 덮여 있는데 주둥이가 새부리잖아?

게다가 알을 낳는다네요.
거짓말! 젖을 먹인다고 들었는데?!

이걸 뭘로 분류해야 하나?
조류?
아님 포유류?

정말로 다수의 조물주가 존재하기라도 하는 건가?

아니야, 신이 여럿이라니, 절대로 그럴 리가 없어.

여기 개미귀신•을 보면 알잖아.
뉴질랜드의 개미귀신도 영국의 개미귀신과 형태와 습성이 거의 같단 말이야….
만약 둘 이상의 창조자가 있다면 이토록 특이한 생명체를 똑같이 만들어 낸다는 게 가능하겠냐고?

다윈은 완벽한 설계로부터 완벽한 설계자의 존재를 유추한 페일리의 고전적 논증•을 떠올리며 자신의 불경한 발상을 털어 버리려 노력했다.

오! 신이시여… 시험에 들게 하지 마옵시고…

• **개미귀신** 명주잠자리의 애벌레로 모래에 개미지옥이라고 부르는 함정을 파고 기다렸다가 지나가는 개미 혹은 작은 동물들을 잡아먹는 곤충이다.

• **페일리의 고전적 논증** 19세기 영국의 신학자 윌리엄 페일리가 《자연신학》에서 제시한 신의 존재 증명 논리. 생명체는 너무도 복잡해 저절로 만들어지기 불가능하기 때문에, 반드시 이를 만들어 낸 전능한 창조주가 존재할 것이라는 주장이다.

그러나 근본적 의문만큼은 아무리 털어 버리려고 해도 쉽게 털리지 않았다.
가만!
조물주가 하나라면 왜 서로 다른 대륙에 다른 종들을 각각 만들어 냈단 말인가!?

1836년 4월 1일, 비글호는 인도양의 코코스 제도에 도착했다.

그곳은 산호초의 천국이면서 동시에 코코넛나무들의 성지였다.

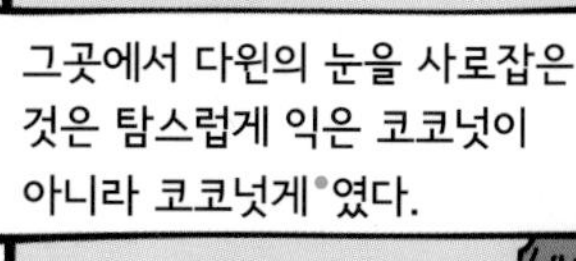
그곳에서 다윈의 눈을 사로잡은 것은 탐스럽게 익은 코코넛이 아니라 코코넛게•였다.

아무리 크다지만, 자기 덩치만한 코코넛을 어떻게 먹는지 궁금하군요.

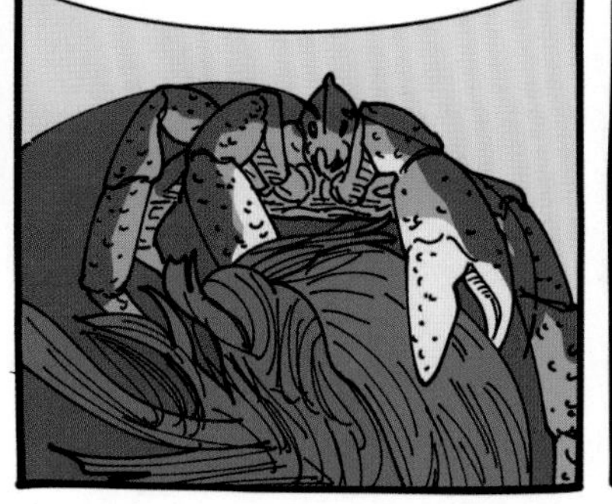
코코넛을 보면 구멍이 있는 부분이 있어요. 집게발로 그곳부터 껍질을 한 오라기씩 찢기 시작해서 거의 다 찢어지면 구멍이 뚫릴 때까지 단단한 앞발로 망치질을 해요.

다음에는 뒤쪽 작은 집게발을 이용해 몸을 돌려 하얀 단백질 물질을 빨아 먹어요.
오호, 집요하고도 영리하네요!

비글호가 코코스 제도에 닻을 내린 것은 해군성에서 함장에게 산호초의 기원을 알아내라고 했기 때문이다.

산호는 얼핏 고정된 존재처럼 보이지만 시간이 지남에 따라 꾸준히 자라는 생물이다.

죽으면 돌처럼 딱딱해지기 때문에 자칫 산호초를 잘못 지나치다가는 배가 좌초될 수도 있다.
당연히 산호가 어떻게 자라는지를 아는 것은 뱃사람들이나 해군에게 매우 중요했다.

피츠로이 함장과 다윈 모두 산호초를 관측하는 데 열심이었다. 하지만 서로의 관심사는 달랐다.
….

● **코코넛게** 육지에 살면서 코코넛을 먹고 산다. 어쩌면 이들은 우연히 물가의 코코넛을 먹기 시작했고, 그 이후 먹이를 찾아 점점 물에서 떨어져 있는 시간이 늘어나면서 뭍에서 살 수 있는 '뭍게'로 변했을 것이다.

"동물과 식물은
그 기원을
거슬러 올라가면
하나의 시작점을
공유한다."

산호는 언뜻 보면 식물 같지만,
딱딱한 표면은
동물의 골격처럼 단단해.
어쩌면 그랜트
박사의 생각이
맞을지도 몰라….

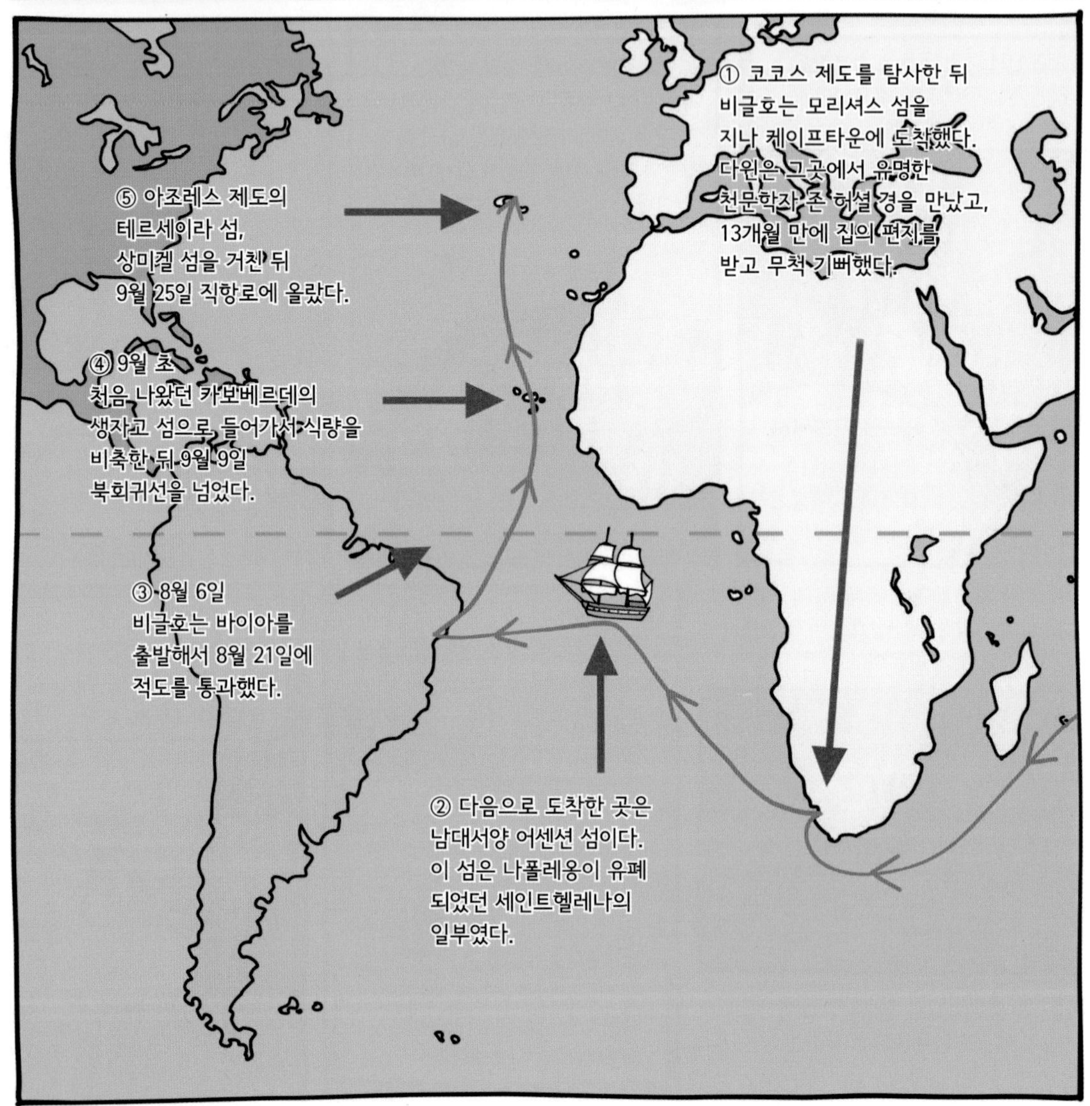
① 코코스 제도를 탐사한 뒤
비글호는 모리셔스 섬을
지나 케이프타운에 도착했다.
다윈은 그곳에서 유명한
천문학자 존 허셜 경을 만났고,
13개월 만에 집의 편지를
받고 무척 기뻐했다.
② 다음으로 도착한 곳은
남대서양 어센션 섬이다.
이 섬은 나폴레옹이 유폐
되었던 세인트헬레나의
일부였다.
③ 8월 6일
비글호는 바이아를
출발해서 8월 21일에
적도를 통과했다.
④ 9월 초
처음 나왔던 카보베르데의
생자고 섬으로 들어가서 식량을
비축한 뒤 9월 9일
북회귀선을 넘었다.
⑤ 아조레스 제도의
테르세이라 섬,
상미겔 섬을 거친 뒤
9월 25일 직항로에 올랐다.

1836년 가을

그동안 도착한 곳에서
관찰한 것을 꼼꼼히 기록한
770쪽짜리 일지.

지질학에 대한
자료와 의견을 적어 놓은
1,300쪽짜리 공책.

동물학에 대한 350쪽
남짓한 공책 한 권.

액침 표본 1,529종과
박제와 뼈, 암석 등의
마른 표본 3,907종.

흠, 꽤 많은
성과를 이뤘어.
당연하지.
고향을 떠난 지
5년이나
되었으니….

아! 너도 있구나.
육지가 많이 그리웠지?
곧 도착해.

마음에
들 거야.

다윈은 헨슬로 교수 같은
대학자들에게 먹이를 물어다 주는
자칼이 아니라, 스스로 잡은 먹이를
삼키는 거대한 존재가 되고 싶었다.
지난 5년간
퍼즐을
수집했으니…

이제 그
조각들을
맞춰 봐야
겠지.

Darwin Theory of Evolution

5 그래도, 종은 계속 변한다

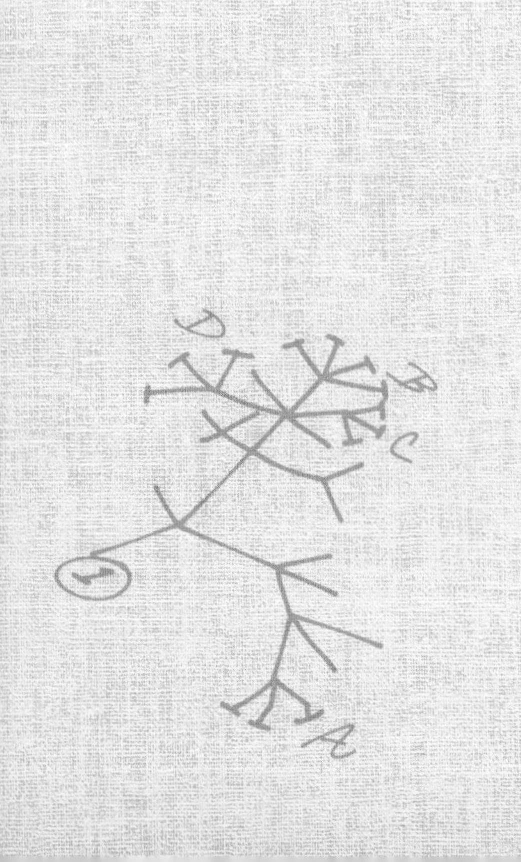
D
B
C
A
1

1836년 10월 2일, 팰머스 항

참으로
먼 거리였어.

맞는 말이었다. 비글호는 영국 플리머스 항에서 출항한 뒤 브라질 사우바도르 항을 거쳐 리우데자네이루, 우루과이 몬테비데오, 포클랜드 제도, 남아메리카 남단을 돌아서 칠레 발파라이소, 갈라파고스 제도를 지나 다시 태평양을 건너 뉴질랜드, 오스트레일리아 시드니를 둘러보고 아프리카 남단을 돌아서 대서양의 어센션 섬을 거쳐 브라질 사우바도르 항에 도착해 지구의 남반구를 한 바퀴 돈 뒤에 다시 대서양을 건너 영국까지 돌아왔으니 말이다.
영국 플리머스 항
에콰도르
갈라파고스 제도
칼라오
리마
브라질
사우바도르
에센션 섬
칠레
발파라이소
리우데자네이루
우루과이 몬테비데오
포클랜드 제도
아프리카 남단
케이프타운
모리셔스
시드니
<비글호의 항해 경로>

역시, 고향이 좋군.
잘 경작된 땅을 보니
기분이 좋아.

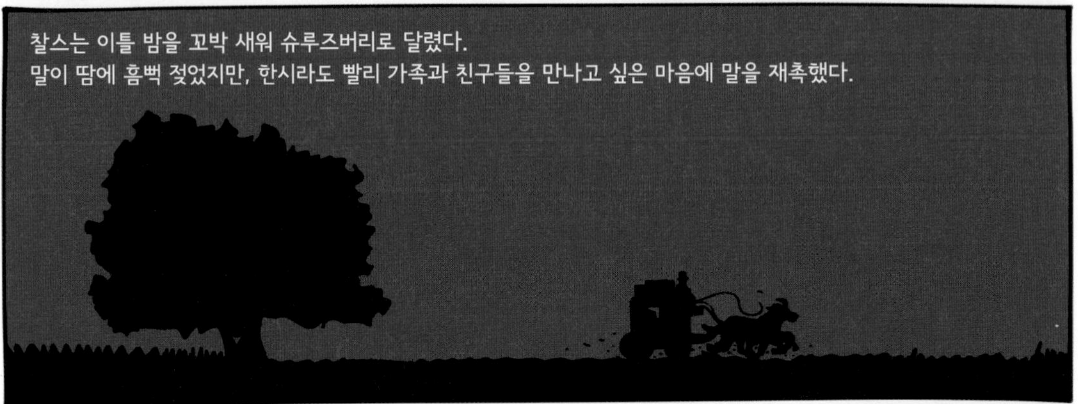
찰스는 이틀 밤을 꼬박 새워 슈루즈버리로 달렸다.
말이 땀에 흠뻑 젖었지만, 한시라도 빨리 가족과 친구들을 만나고 싶은 마음에 말을 재촉했다.

다윈 씨?!
쉬잇!

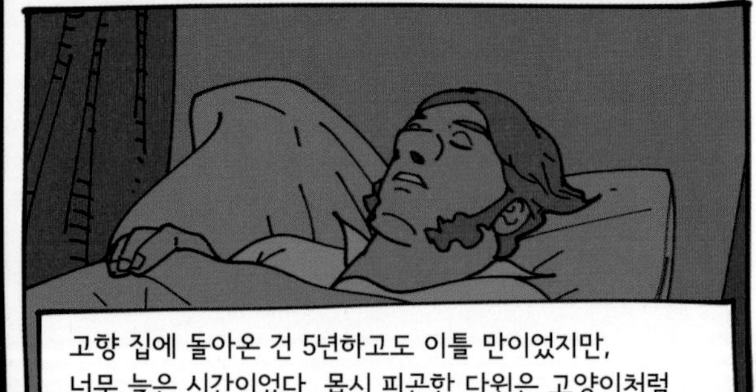
고향 집에 돌아온 건 5년하고도 이틀 만이었지만,
너무 늦은 시간이었다. 몹시 피곤한 다윈은 고양이처럼
살금살금 옛 침실로 들어가 잠을 청했다.

어머,
찰스!
벌떡

하하!
잘 지내셨어요?

너… 이 녀석….

얼굴이 완전히
변해 버렸구나! 하하하.

누이들은 열대의 태양에 까맣게
그을리고 오랜 여행으로
홀쭉해진 다윈의 얼굴을 보며
안쓰러워했지만, 한 사람의
남자가 되어 돌아왔다는 사실에
뿌듯했다.

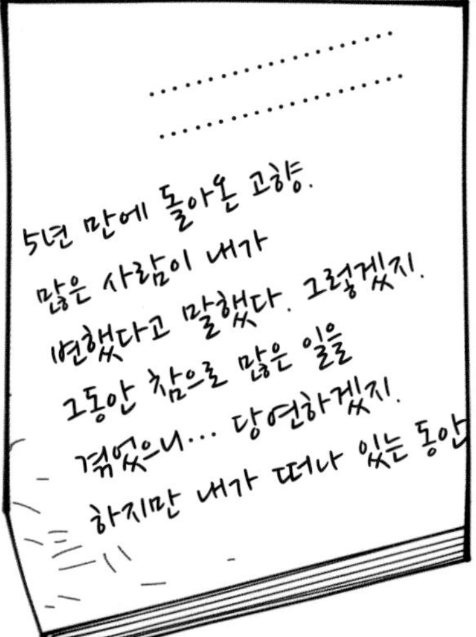
5년 만에 돌아온 고향.
많은 사람이 내가
변했다고 말했다. 그렇겠지.
그동안 참으로 많은 일을
겪었으니… 당연하겠지.
하지만 내가 떠나 있는 동안

이곳도
많이 변했다.

제한된 자원 안에서 살아가기 위해
스스로 번식을 억제해야 한다는
논리가 눈길을 끄는 시대였다.
맬서스
인구론

다윈의 고향뿐 아니라 런던도 많은 변화가 있었다. 특히 런던은
철도역과 런던 브리지가 완공되었고, 하수관과 가스관 매설을 위해
대부분의 도로가 파헤쳐 있었다.
밤이 되면 거리에는 수백만 개의 가스등이 켜져 온 도시가 가물거리는
별자리처럼 보였다.

10월 20일, 다윈은 런던의 그레이트 말보로 거리에
있는 형 이래즈머스의 집으로 갔다.
형,
잘 있었어?
찰스!

이제 뭐
할 거야?

동물학회,
지질학회,
박물관
관계자들을
만나러
다닐 거야.

다음 날부터 다윈은 과학자들을
만나러 다녔다.

수집한 표본을
제대로 분석해 줄
과학자들이
필요하구나.

● **맬서스주의** 영국의 경제학자 토머스 맬서스(Thomas Robert Malthus, 1766~1834)가 1798년 발표한 《인구론》에서 제시한 개념이다. 이 책에서 맬서스는 '제한이 없는 경우 식량은 산술급수적으로 증가하나, 인구는 기하급수적으로 증가한다'는 이유를 들어 인류 전체의 생존과 행복을 위해서는 인구 감소 정책이 필요함을 역설했다. 맬서스의 인구론 주장은 19세기 말, 산업혁명과 자본주의의 도입으로 극심한 빈부 격차로 인한 사회적 갈등이 격화되던 서구 사회에서 빈민 차별 정책의 근거가 되었다. 즉 그의 주장은 인류 '전체'의 생존과 번영을 위해서는 '일부' 인구 집단들은 강제로 도태될 필요가 있다는 말로 연결되었고, 결국 그 대상으로 선정된 것은 빈민층을 비롯한 사회적 약자 층이었다.

과학자들은 지금 막 탐험을 마치고 돌아온
패기 넘치는 젊은이의 생생한 이야기를 듣기 위해
다윈의 방문을 반겼다.
암석과 지질학 표본을 분석할 사람들을
찾기는 어렵지 않았다.

지질학자들은 남미에서 가져온 희귀한 표본들을
서로 가져가려고 경쟁했다.
그러나 동물학회는 사정이 달랐다.

그곳에는 이미 세계 각 나라에서 온
많은 표본이 있었다.
도대체 이게
다 어디서?

보낸 지가 언젠데
표본을 아직도 연구하지
않았단 말이요?
미안합니다.
다음 달에는
꼭 할 겁니다.

돈 많은 아마추어 박물학자들이
세계를 누비면서 온갖 동식물 표본을
만들어서 매일 보내오고 있소.
이제 보관하는
것도 벅찰
지경이지요.

내가 얼마나 애써서
수집한 건데… 지금부터는
후원금을 기대하지 마시오!

….

불쾌하고
매캐한 도시…
지극히 인공적인 곳에
모여든 자연학자들이라….

자연이 없는 곳에서
자연사를 연구해야 하다니,
큰 모순 아닐까?

다윈은 런던에 있는 동안 형과 함께
가끔 상류층 사교계 파티에 참석했다.
왁자지껄
파티는 '세계를 볼 수 있고' 또한 '과학이 어떻게
돌아가고 있는지'를 알 수 있는 일종의 바로미터
역할을 했다.

멋들어지게 차려입은 신사 숙녀들
사이에서 온갖 이야기가
교환되었고, 즉석에서 촌평이
더해졌다.

신은 신성한 프로그래머이며,
통찰력 있는 법률가입니다.
배비지1

지질학적 변화에 일일이
신이 간섭한 것은 아니지만
신이 초기에 설정해 놓은 법칙대로
지각이 변동되었다고
할 수 있지요.
라이엘

저는 신은 우주 창조의 법칙을
설정해 놓았고, 지질학 역사 내내
그 법칙들이 작동하여
멸종과 새로운 종의 출현이
일어난다고 믿습니다.
허셜2
종의 탄생은 놀라운 일이지만,
아기의 탄생과 마찬가지로
기적은 아니지요.

깊은 성찰 뒤
나올 수 있는
고견이요.

세상 사람들은 종의 변형과 신의 부재에
대해서는 매우 부정적으로 생각하는데
저들의 주장은 아주 진보적이야.
지금의 과학계는 멸종과 신종의
출현을 당연한 일로 여기고 있어.

하지만 저런 말을 공개적인 장소에서
한다는 것은 주의해야 할 일이야.
나는 내 생각이 완전히 정리되기
전까지는 함부로 말하지 않아야겠어.

다윈은 당대의 진보적
과학자들과 학문적으로
교류하면서 서서히 자신의
생각을 구축해 나갔다.

우주에 존재하는 것
하나하나를 신이 직접
만든 것은 아니다.

신이 만든 고귀한 법칙에 의해
만들어지고 변한다면,
생물들 역시 그러할 것이다.

별과 행성과 달을 법칙에 의해
창조하고 변하도록 고안한 신이
천지 창조의 순간에 작고 보잘것없는
곤충들을 하나하나 만들어 내어
지금껏 존속하도록 했다는 것은
모순이다.

지각이 법칙에 의해 융기하고
가라앉듯, 동물들도 법칙에 의해
존속하거나 멸종하거나
혹은 새로운 모습으로 변모하는
것이 아닐까?

1837년 1월 4일,
지질학회●
왜 해수면보다 월씬 높은
내륙에서 조개껍데기
화석이 발견되었을까요?

● 다윈이 항해하는 동안 라이엘에게 써 보낸 편지들은 이미 출판되어 읽힌 터여서, 영국으로 돌아오기도 전에 다윈은 벌써 지질학회 회원이 되어 있었다. 이날은 비글호 탐사에서 성취한 지질학적 성과를 첫 논문으로 발표한 자리였기 때문에 다윈의 실질적인 학계 데뷔라고 할 수 있다.

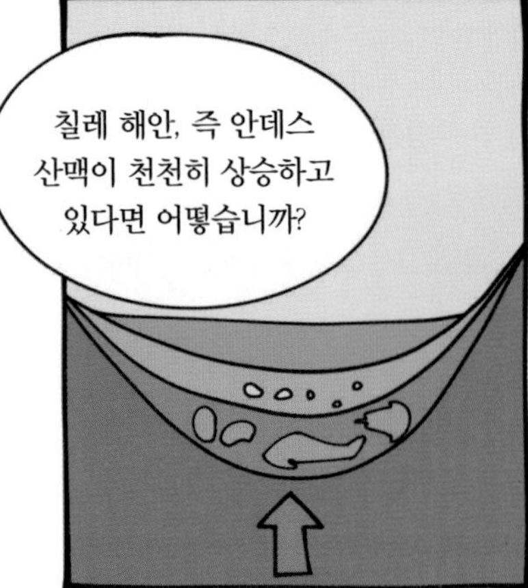
칠레 해안, 즉 안데스 산맥이 천천히 상승하고 있다면 어떻겠습니까?

칠레 해안뿐 아니라 남아메리카 대륙 전체가 아주 오랜 기간 동안 상승해 왔음을 암시합니다.

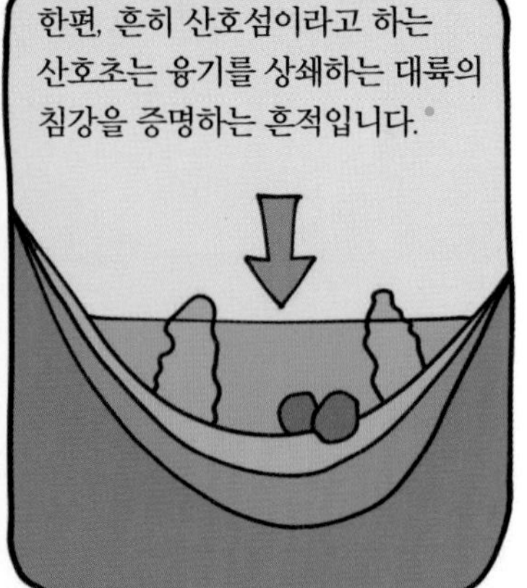
한편, 흔히 산호섬이라고 하는 산호초는 융기를 상쇄하는 대륙의 침강을 증명하는 흔적입니다.●

짝짝
짝짝
짝짝

1837년 1월 10일, 다윈은 레스터 스퀘어에 있는 동물학회 본부로 찾아가서 조류학자 존 굴드[3]를 만났다.
4일에 제출했던 포유류 80장과 조류 450종의 표본 검사 결과를 알아보기 위해서였다.

자네가 갈라파고스에서 가져온 조류 표본 중 많은 수가 핀치였네. 살펴보니 모두 13종이나 되더군.

게다가 서로 다른 섬에서 채집했지만 같은 종일 거라고 생각했던 세 마리의 흉내지빠귀는 모두 종이 달랐어.

흉내지빠귀는 아메리카 대륙에도 살고 있었지만, 이들과는 다른 근연종이라네.

아! 이유를 알 것 같아요. 그곳 사람들이 이런 얘길 하더라고요.

● 산호초에 대해서는 82쪽 참조.

그곳의 거북들은 다 비슷해 보이지만, 사실 섬마다 조금씩 다르다고 했어요.
이렇게 정리하면 어떨까요?
'섬'이라는 공간, 즉 육지 혹은 외부와 단절된 공간에서 살아가는 생물들은 어떤 식으로든 변화를 했으며, 이 변화로부터 새로운 종이 생겨난다.

그럴 수도 있겠군. 그렇다면 그 변화를 이끌어 내는 요인은 무엇일까?

굴드와의 대화를 마치고 돌아오던 다윈은 제미 버튼[4]이 떠올랐다.

멋들어진 예복을 차려입고 세련된 예법을 구사하던 선교사 제미 버튼과, 벌거벗고 상스러운 말을 내뱉던 원주민 제미 버튼 말이다.
제미 버튼은 자신이 지내던 환경에 따라서 전혀 다른 모습을 보여 주었다.

내가 실제로 제미 버튼을 알지 못한 상태에서 원주민들을 보았다면, 나는 원주민들은 인간이 아니라고 생각했을지도 몰라.

만약 원주민들도 인간이라 생각했다면, 다른 창조주가 인간이라는 종을 우리와 다르게 만들었다고 여겼을 거야.

신이 하나라면 어째서 신은 유럽인에게만 문명을 누릴 권리를 주고 원주민들은 그토록 야만적이고 비참한 상태에 머물도록 내버려 두었을까?
혹시….

신은 인간들을 만든 뒤, 그 인간들이 살아가는 방식에 관한 한 그저 자신들이 처한 상황에 적응하며 살아가라는 법칙만을 제시해 준 것이 아닐까?

1837년 6월, 다윈은 집필에 들어간 지 일곱 달 만에 '비글호 항해기'를 탈고했다.
야호!

다윈이 직접 쓴 첫 번째 책이었고, 지난 5년간의 모험에 대한 보고서였다.
비글호 항해기
찰스 R. 다윈
하지만 바로 출판되지 않았다.

애초에 피츠로이 함장이 같이 쓰기로 한 책이기 때문이다.
그는 다윈만큼 집필에 열정적이지 않아 원고를 계속 미루었다.

다윈은 함장의 집필이 끝나기를 기다리는 대신에 새로운 일을 하기로 마음먹었다.
B
척

슥슥

Zoonomia

….

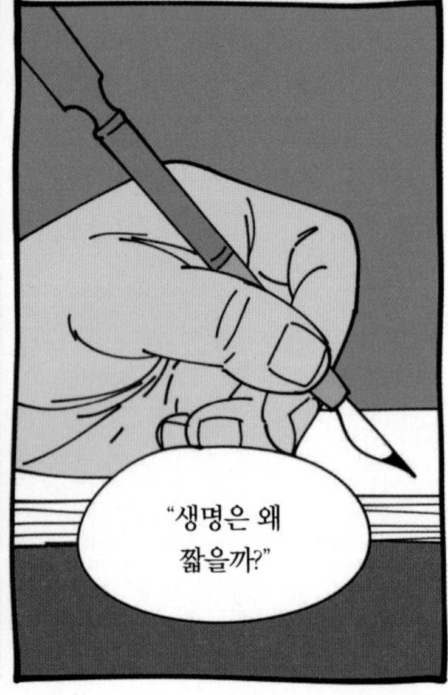
"생명은 왜 짧을까?"

● **《비글호 항해기(The Voyage of the Beagle)》** 찰스 다윈이 1831년부터 1836년까지 이루어졌던 비글호의 두 번째 여정에서 갈라파고스 제도를 비롯해 오스트레일리아와 대서양, 태평양, 인도양 일대의 섬들과 해안에서 관측한 자료와 지질학적 및 생물학적 표본, 인류학적 관찰 등을 엮어

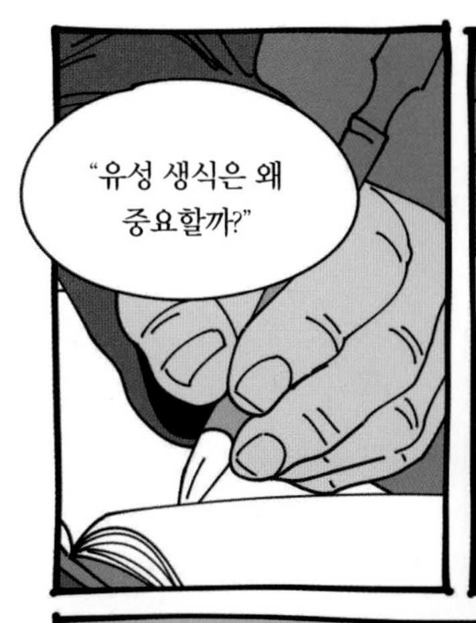
"유성 생식은 왜
중요할까?"

"유성 생식은 변종을
만들어 다양성을
증가시킨다. 종이 새로운
환경에서 살아남기 위해서는
반드시 다양성이
필요하다."

1837년 7월
"종은 변하는
것일까?"

"종은 계속 변하고
있다. 종이 고정불변이라고
생각한 이유는 변종은
교잡을 통해 무리 속에서
뒤섞여 희석되기
때문이다."

핀치나 흉내지빠귀처럼
외딴섬에 격리된다면? … 변종은
보존될 것이다. 그럼 오언이
알려 준 거대한 초식 동물에게는
무슨 일이 일어난 것일까?

멀지 않은 과거에,
물리적 변화가 거의 없는데도
이 수많은 동물이 멸종한
이유는 무엇일까?

슥슥

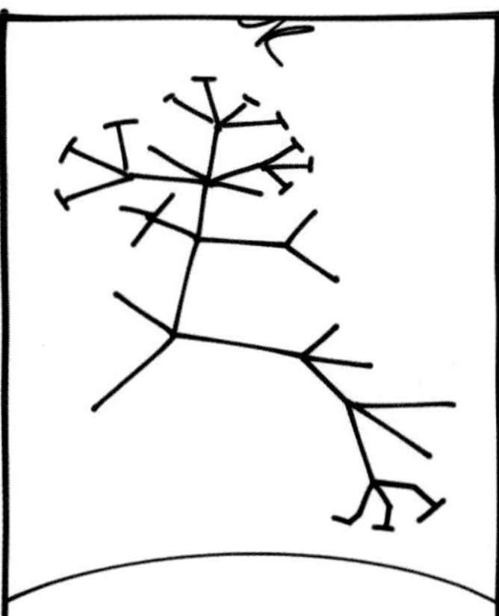
여기서 가지가 더 이상 뻗어
나가지 못하고 가로선으로
차단된 것은 '멸종'을 의미해.

슥슥

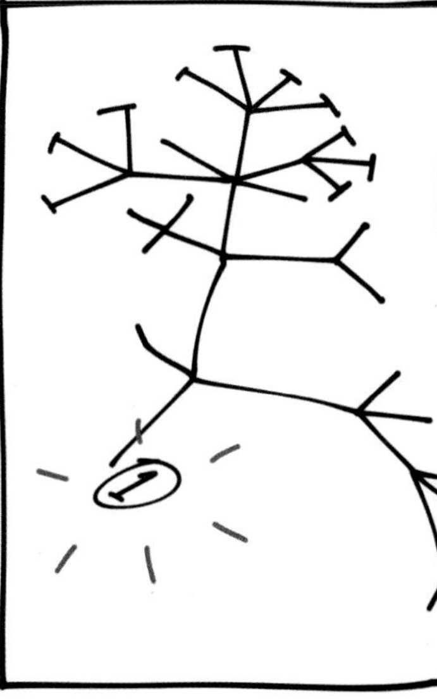

낸 책이다. 로버트 피츠로이가 일부를 담당했으며 1839년에 1판, 1845년에 2판, 1860년에 3판이 출간되었다. 훗날 《종의 기원》의 바탕이 되는 책이자, 다윈에게 있어서는 "나의 최초의 문학적 작품으로, 그것이 성공해서 어떤 다른 책보다 기쁘다."라는 소회를 남기게 한 책이다.

나무의 줄기가 하나인 것은
아주 오래전에 있었던
생명들의 공통 조상을 상징해.

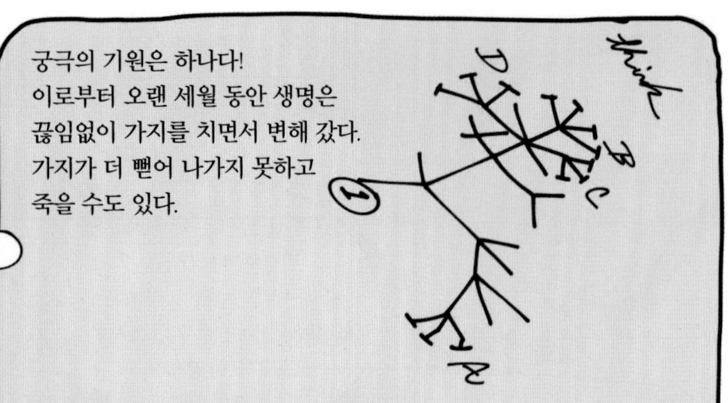
궁극의 기원은 하나다!
이로부터 오랜 세월 동안 생명은
끊임없이 가지를 치면서 변해 갔다.
가지가 더 뻗어 나가지 못하고
죽을 수도 있다.
A와 D 집단 사이의 간격은 아주 벌어져 있다. 이는 조류와 포유류가
하나의 공통 조상에서 비롯했을지라도 아주 달라진 이유일 것이다.

멸종이 일어날 수도 있다.
멸종은 오언의 주장처럼 종의
생명력이 다해서 일어나는 것이 아니다.
환경이 아주 급격하게 변했기 때문에
멸종한 것이다.

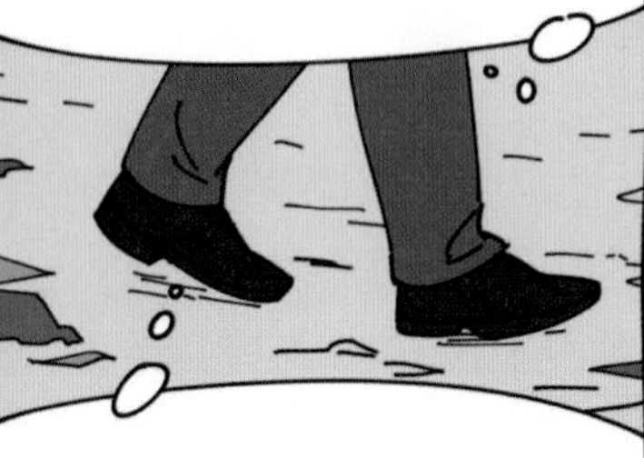
최초의 공통 조상으로부터 물려받은
유전적 흔적 위에 변하는
환경에 적응한 결과가 덧씌워진다.
생명이 끊임없이 적응하여 변해
간다면, 종이 창조되었고 불변한다는
주장은 설 자리가 없어진다.

생명이 환경에 영향을
받아 변한다면,
한 방향으로 나아가면서
고등해진다는 진보의
개념은 생명에는 맞지 않는다.
변화는 다양한 방향으로
일어난다!

고등의 기준이 애매하다.
지적 능력인가?
생존 능력인가?

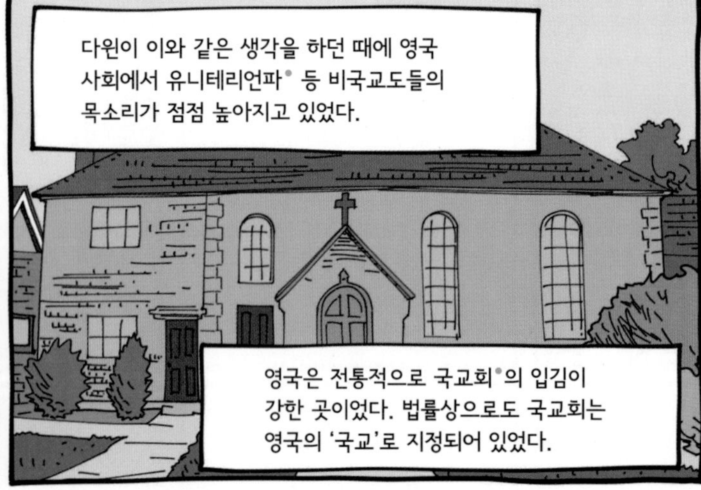
다윈이 이와 같은 생각을 하던 때에 영국
사회에서 유니테리언파● 등 비국교도들의
목소리가 점점 높아지고 있었다.
영국은 전통적으로 국교회●의 입김이
강한 곳이었다. 법률상으로도 국교회는
영국의 '국교'로 지정되어 있었다.

● **유니테리언파(Unitarianism)** 18세기에 등장한, 이신론의 영향을 받은 반삼위일체론 계통의 기독교 교회이다. 이들은 신은 하나라는 유일신 신앙, 즉 단일신론(Unitheolism)을 주장하여 삼위일체설을 부정한다. 이 밖에도 성경을 이해함에 있어 이성의 중요성을 강조하고, 신앙적 진리를 발견함에 있어 인간 본성의 중요성을 인정하며, 신을 사랑과 부모적인 본성을 가진 존재로 이해하고 원죄에 대해서 부정적 경향을 갖는다.

영국의 비국교도들은 노예 제도를 혐오했고,
특권을 반대했으며, 평등을 옹호했다. 불평등과 차별에
대한 이들의 혐오감은 청년 찰스에게 큰 영향을 미쳤다.

우리는
우리가 함부로
부리는 동물들을
우리와 동등하게
취급하고 싶어
하지 않는다.

노예를 부리는 사람들은 흑인을
다른 종으로 취급하고 싶은 것이 아닐까?
애정을 느끼고, 두려움과 고통을
느끼고, 죽은 자를 애통해하지만,
인간이 아닌 동물로.

멈칫
그렇지만 동물이 우리처럼
고통, 죽음, 아픔, 굶주림을
느낀다면… 그들은 우리의
형제라는 생각에 이른다.

그들이 우리와 하나의
공통 조상을 공유함으로써
우리 모두는 하나로 연결되어
있을지도 모른다….
아!

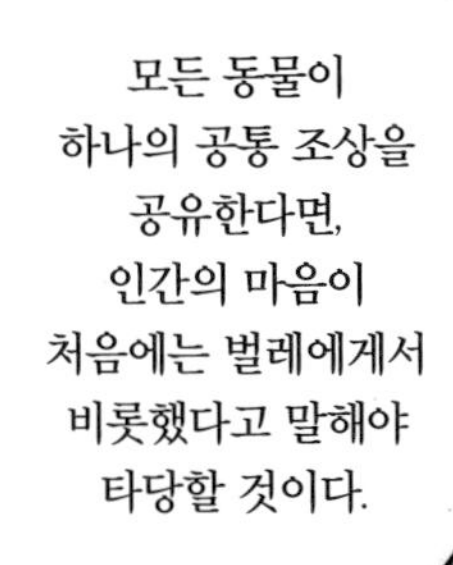
모든 동물이
하나의 공통 조상을
공유한다면,
인간의 마음이
처음에는 벌레에게서
비롯했다고 말해야
타당할 것이다.

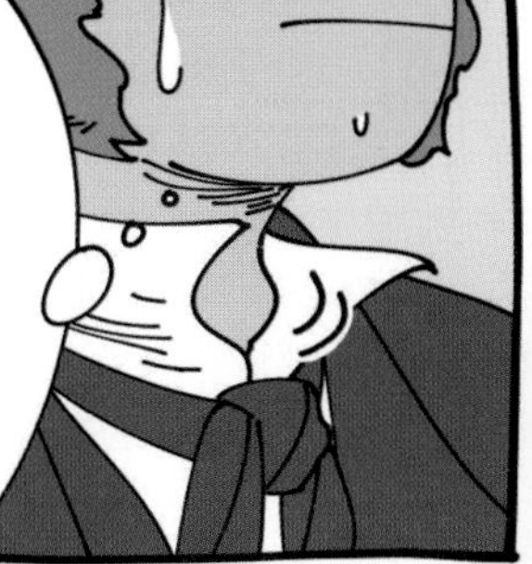

마음과 이성이
인간에게만 주어진
위엄과 의무가 아니라
벌레에서 시작되어
발전해 왔다면…

인간은 그저
조금 더 나은
짐승에 불과한
존재가 된다!

● **영국 국교회(Church of England)** 흔히 성공회(聖公會)로 해석된다. 성서와 이성과 전통의 긴장 관계를 통해서 교회사에 나타나는 극단적 주장과 오류를 피하는 '중용'의 정신을 구현했다고 평가되는 기독교의 한 종파이다.

하지만 성서에서는…
인간은 신의 고귀함을 본떠서 만들어진 유일한 존재가 아니던가!??

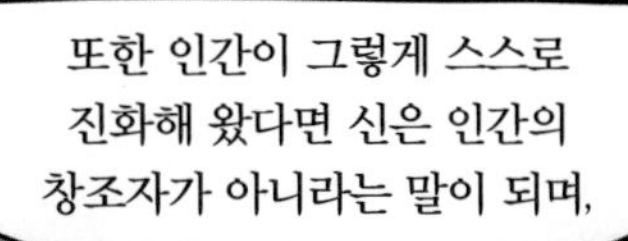
또한 인간이 그렇게 스스로 진화해 왔다면 신은 인간의 창조자가 아니라는 말이 되며,

툭
툭
이는 오랜 세월 인간 사회를 이루는 뼈대였던 신에 대한 도덕적 의무가 허구의 가치였다는 말이 된다.

노예제를 폐지하고 모든 인간이 평등하다고 주장하는 것까지는 괜찮다.
후두두둑
그건 인류애적 측면에서 바람직하니까.

하지만 인간이 벌레와 같은 하등 동물과 공통 조상을 가진다고?

그럼 이제 시작한 나의 과학적, 사회적 지위마저도 나락으로 추락하겠지.
쏴아아-
다윈은 당분간 이러한 생각을 밖으로 드러내지 않기로 결심했다.

이런 생각을 한마디라도 입 밖에 내뱉었다가는 라이엘이나 오언[5], 세지윅, 휴얼[6] 같은 학계의 명사들에게 배신자로 낙인찍히고 말 거야.

다만 생각이 떠오를 때마다 노트에 꼼꼼하게 기록했고, 자신의 의견을 뒷받침할 만한 자료를 모으는 데 주력했다.

이는 훗날 《종의 기원》으로 이어질 20여 년간 여정의 시작이었다.

6

세상을 향한 불경한 도전, 진화론

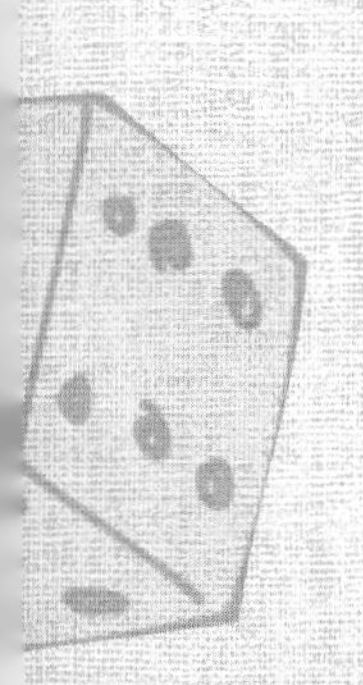

1838년 2월

벌레와 인간이
공통 조상으로부터 갈라져
나왔음을 증명하기 위해서는
종이 불변하는 것이 아니라는
증거부터 모아야 해.

다윈에게 결정적 도움을 준 사람은
윌리엄 야렐[1]이었다.
그는 신문 도매업으로 큰돈을 번
사람으로 개를 아주 좋아하여
다양한 종류의 개를 길렀다.

저는 이전까지 야생의
변종들이 적응이 완료된
상태에서 태어난다고
믿었어요.
무슨
말이죠?

대벌레는 처음부터 나뭇가지와
비슷하게 변이가 일어나
현재의 모습이 되었으며,
꿀벌은 처음부터 독침을 가지고
나타났을 거라고 믿었지요.

정말 그렇다면
얼마나 편할까요….
하하하.

저는 개의 품종을 개량하면서
그건 잘못된 생각이라는 걸
알았지요.
그는 개의 품종과 교배에
관한 한 그 어떤 동물학자보다
지식이 풍부했다.

개를 교배시킬 때,
원하는 형질이 잘 드러나도록
신중하게 개체를 선택합니다.
하지만 같은 부모 사이에서
태어난 새끼들도 천차만별이었어요.

후후, 그렇겠지요….
그러면 어떻게 원하는
형질의 개를 얻어 냈죠?

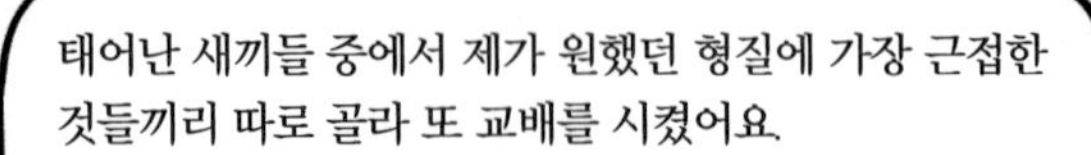
태어난 새끼들 중에서 제가 원했던 형질에 가장 근접한
것들끼리 따로 골라 또 교배를 시켰어요.

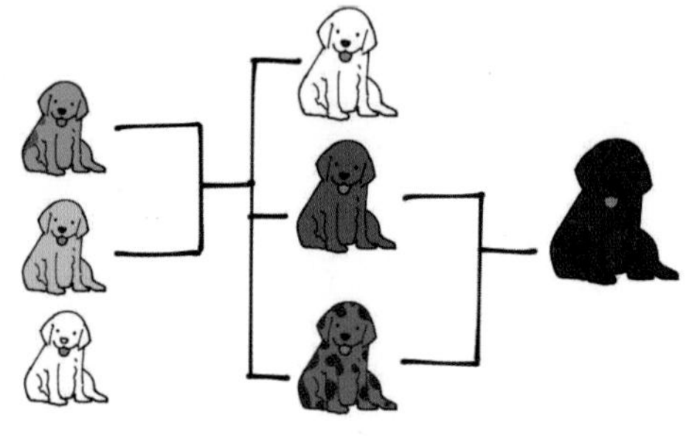

이런 일을 세대를 이어 반복하면
원하는 형질을 가진 개체들을 골라 낼 수 있어요.

달리 말하면 원치 않는 형질의
개체를 도태시켰군요?
맞습니다.

참으로 '부자연스러운'
방식이군요.

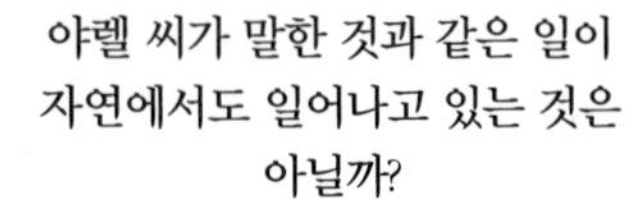
야렐 씨가 말한 것과 같은 일이
자연에서도 일어나고 있는 것은
아닐까?

생물은 다양한 변이들을
만들어 내지만, 그 변이들을
평가하는 건 자연이다.

...변이들은 그들이 처한 환경에 적합한 개체와 그렇지 못한 개체로 나뉜다....
전자를 '좋은 변이'라고 한다면, 후자는 '나쁜 변이'라 불릴 수 있겠지.
좋은 변이는 자연이라는 위대한 육종가의 손에 선택될 것이고, 나쁜 변이는 자연의 선택을 받지 못하고 죽어 자손을 남길 수 없을 것이다.
야렐 씨와 같은 육종가들의 선택은 부자연스러운 게 아니라 매우 자연스러운 행동이라고 할 수 있어.

그렇다면 '자연의 선택'은 어떻게 작동하는 것일까?
툭

도대체 '좋은 변이'는 어떻게 타고나는 것일까? 신의 축복일까, 아니면 다른 이유일까?

좋은 변이든 나쁜 변이든 모든 변이는 우연의 산물임에 틀림없어!
♪~
붕-

여러 가지 다양한 변이들은 그 자체로 좋고 나쁨의 기준은 없다. 예를 들어 토끼에게 변이가 일어나 다른 토끼보다 더 길고 빽빽한 털을 가진 개체와 더 짧고 성긴 털을 가진 개체가 등장했다고 하자.

이 자체로는 어떤 것이 더 좋고 나쁜지 판단이 어렵다.

... 다만 그 즈음에 겨울이 좀 더 추워지고 길어진다면...

털복숭이 토끼가 생존에
더 유리할 테고,

반대로 따뜻하거나
더운 날이 길어진다면
털이 적은 토끼가
유리할 수도 있다.

좋은 것과 나쁜 것, 적응과 기형은
이제껏 생각되었던 것처럼 절대 가치가
아니다. 가치는 환경에 따라 변한다.
왈!

이 강아지의 얼룩무늬는
부모 중 어느 쪽을 닮은 건가요?
….
다윈은 자신의 생각을 증명하기
위해 만나는 사람마다 질문을
퍼부어 댔다.

어떻게 해서 한쪽 부모의
특징만 닮도록 교배를
하는 거죠?
….

암말들이
특히 좋아하는 수말이 있나요?
혹시 그 수말들의 특징은
어떤 겁니까?
….

힘센 대장장이의 근력이
아들에게 전달될까요?
……

어, 야렐 씨!
마침 잘 만났…
휙

야렐 씨?!
부르는
데요?
도망가야 돼.
걸리면 힘들어져.

1838년 3월 28일, 다윈은 사람들에게 첫선을 보이는 세 살 난 암컷 오랑우탄 '제니'를 보기 위해 동물원으로 향했다.

웅성
웅성

우리 밖으로 나오니 신이 났나 보군.
저기 봐!! 코뿔소가 뒷다리로 일어섰잖아!

코뿔소가 뒷다리로 일어서는 모습은 매우 보기 힘든 일인데….

나중에 캐롤라인 누나에게 꼭 말해 줘야겠군.

….

제니, 이러면 못써.
?

착하게 굴면 사과를 줄게.
….

꺄아앙!

갸웃
갸웃
?!

꾸우-

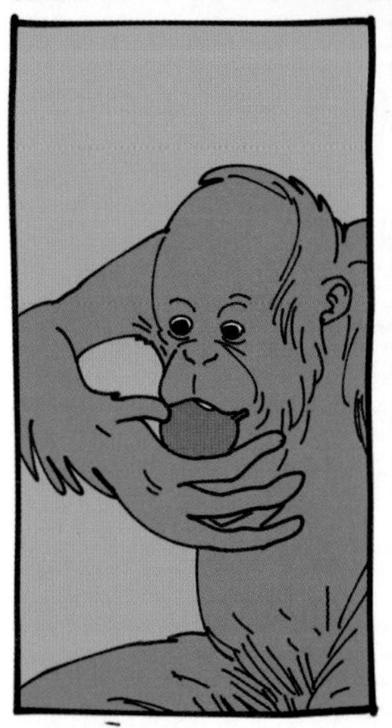

오랑우탄*의 이해력과 행동은 정말 대단해.
분노와 애정 표현, 애처로운 콧소리와 말을 알아듣는 모습은 정말 놀랍다.

발가벗고 다니는 야만인을 생각하면 오랑우탄과 큰 차이가 없는 것 같아.

감히 우리 인간이 오랑우탄보다 우월하다고 자신할 수 있을까?

돌아온 지도 어느덧 일 년이 지났구나. 내 나이도 벌써 스물아홉이라니….

* **오랑우탄(Orangutan)** 오랑우탄이라는 말 자체가 말레이시아어로 '사람(Orang)과 숲(huton)', 다시 말해 '숲에 사는 사람'이라는 뜻이다.

욱!?

요즘 하는 비밀 연구에 대해
누구한테도 속내를 터놓지 못하니
위장병만 더 심해지고 있어….
벌컥
벌컥

응!

형이 애인과 함께하는
모습을 보고 있자니
뭐랄까… 더 외롭군!

정녕 결혼을 해야만
하는 걸까?
벌컥
벌컥

….

척

결혼을 하지 않는다면…

• 지질학 연구를 위해 미국 여행을 할 수 있다!
• 런던 교외에서 종의 유전에 대한 연구를 실컷 할 수 있다!
• 아이들을 돌보는 데 시간을 뺏기지 않는다!

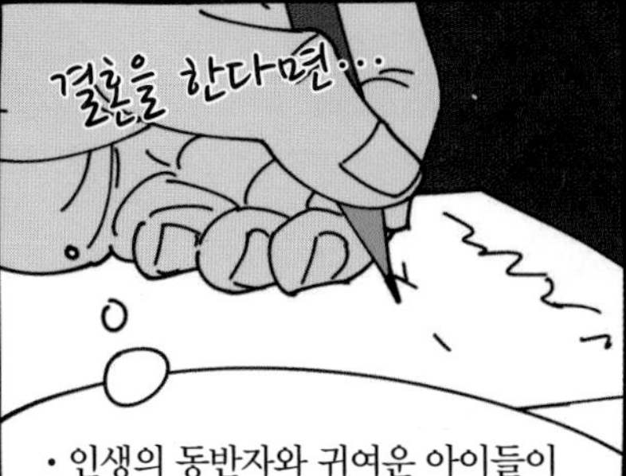
결혼을 한다면…

• 인생의 동반자와 귀여운 아이들이 생긴다.
• 아늑한 가정과 안정적 환경이 만들어진다.

하지만….

결혼을 하면 돈을 벌기 위해 열심히 일을 해야 할 거야!

아이들을 키우고 가난에 허덕이며 과학 연구를 계속할 수 있을까?

역시 나는 독신을 선택해야 해!
벌떡

그런데 내 마음은 왜 자꾸 결혼으로 기울까?

털썩

다윈은 외로움을 잘 견디지 못하는 성격이었다.
그는 가족과 친구들을 잃을 때마다 늘 큰 상실감으로 고통스러워했다.

가족들의 생계를 위해 많은 지참금이 있고!
내가 과학 연구에 몰두하는 것을 이해해 주고!
나를 따뜻하게 안아 줄 수 있는!
착하고 조용하고 다정한 아내를 만나 결혼하면 돼!
"정신 차려, 동생아!" 라고 말해 줄까?

다행히 그런 여인이 바로 곁에 있었다. 그의 외사촌인 에마 웨지우드였다.[2]

에마는 '내조의 표본'과 같은 여인이야. 나에게 완벽한 휴식처가 될 가정을 꾸려 줄 거야.
무엇보다 웨지우드가의 손녀답게 상당한 양의 지참금을 가져올 거야.
그게 가장 중요하지!

또한 내가 에마와 결혼한다면
아버지가 아들의 결혼을 축복하며
상당한 몫의 재산을 떼어 줄
것이 분명해.
불끈

이것들만 잘 운용한다면 아이들이
태어난 뒤에도 '돈을 벌기 위해
일을 해야 하는' 비극적 상황은
피할 수 있을 거야.
크크크크…
이 녀석아,
다 들려!
무서운
녀석….

잠깐!
치명적인
문제가 있다!
그녀가 나같이
못생긴 남자를
받아 줄까?
헝…

받아 줄 거야. 에마는
천사 같은 마음을
가졌으니까….
그렇게
보지 마.

1838년 11월 11일
결전의 날!

에마,
나의 청혼을 받아 주길
진정으로 바라오.

저는….

당신처럼
솔직하고 정직한
사람이라면….

좋아요.

조사이어 웨지우드와 로버트 다윈은
서로의 자식이자 조카들의 결혼을
축복하기 위해 각각 5000파운드의 지참금과
연간 400파운드의 연금, 그리고 1만 파운드의
재산을 떼어 주었다.

당시 공장 노동자들의 주급이
1파운드에도 미치지 못했던 것을
고려한다면, 젊은 신혼 부부가
살아가기에는 넉넉하고도 남는
돈이었다.

1839년 1월 29일

결혼식 내내 긴장했던 이들은 식이
끝나자마자 도망치듯 기차역으로
달려갔다. 화려한 결혼 피로연은
놓쳤지만, 둘은 더없이 행복했다.

이제 아늑한 거실과 거기서
피아노를 치며 나를 위로해 줄
아내를 얻었다.
이렇게 둘만 있으니 차가운
샌드위치와 맹물도 훌륭한
결혼식 만찬처럼 느껴지는 걸!

하하하!

저와 결혼한 것이
그렇게 좋으세요?

하하,
그렇소.

에마는 결혼 후 곧 임신했다.
다윈의 삶은 '쌍둥이같이 똑같은
날들'로 이어졌다.

7시
다윈은 에마가 깨지 않도록
조용히 빠져나와 서재로 갔다.

10시
여보,
아침 드세요.
10시까지 자연사에 대한
글을 썼다.

2시
여보,
점심 드세요.
점심을 먹을 때까지 다시
서재로 가서 일을 했다.

오후
시내에 나가서 이런저런
일을 보고 집에 돌아왔다.

6시
에마와 함께 평화롭게
저녁을 먹었다.

그 후 두어 시간 독서를 하고,
차를 마시고 난 뒤 독일어
공부를 했다.
독일어 공부를 하지
않는 날에는…….

음악을 들었다.
음악을 듣고 나면 어느새 또 잠잘 시간이 돌아왔다. 단조롭고 조용한 나날들이었다. 다윈은 그런 평화로운 일상을 소중하게 여겼고 즐겼다.

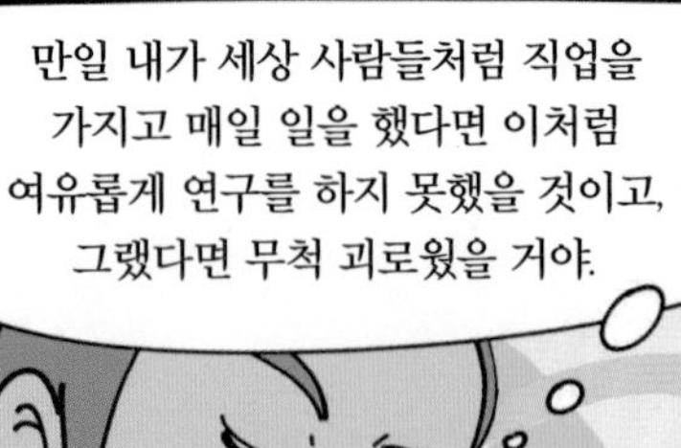
만일 내가 세상 사람들처럼 직업을 가지고 매일 일을 했다면 이처럼 여유롭게 연구를 하지 못했을 것이고, 그랬다면 무척 괴로웠을 거야.

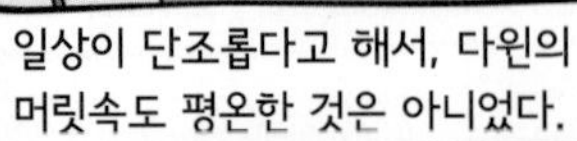
일상이 단조롭다고 해서, 다윈의 머릿속도 평온한 것은 아니었다.

첫째, 인간과 동물들이 모두 같은 유래를 가진다면, 인간은 어떻게 인간 고유의 고귀한 가치를 지닐 수 있었을까?

인간의 도덕성은 어떻게 설명할 수 있을 것인가. 벌레가 도덕성을 가지고 있다고 생각하기는 힘들지 않은가?

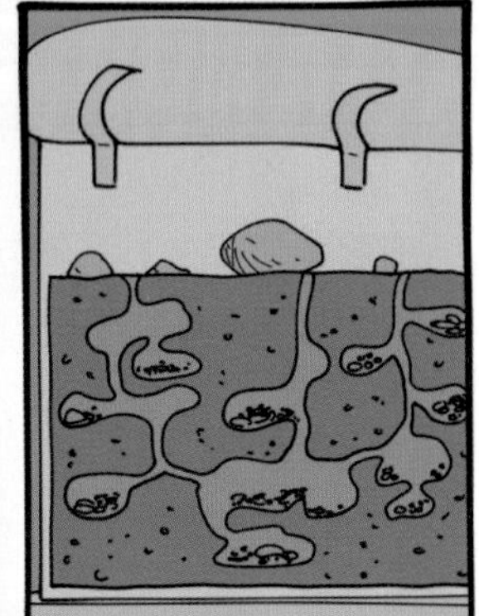
다윈은 이리저리 고민하다가 인간이 사회적 동물이라는 생각에 이르렀다.

인간은 '고독한 늑대'가 아니라 '무리 속의 사슴' 처럼 살아간다. 인간은 사회 속에서 타인과 관계를 맺으며 살아간다.
웅성
웅성

이런 공동체 속에서 살아가기 위해서는 타인과 타협하고 존중하는 법을 아는 쪽이 그렇지 못한 쪽에 비해 '좋은 변이'임에 틀림없다.

타인을 짓밟고 빼앗고 혼자만 살기 위해
발버둥치는 자는 자신과 똑같은 자들에 의해
얼마 못 가 뒤통수를 맞을 것이 뻔하고,
그들은 그렇게 자멸할 것이다.

이렇게 생각한다면 인간의 도덕성은 신으로부터
하사받은 고결한 가치가 아니라, 인간 사회라는
공동체 속에서 선택되고 증폭된 변이일 뿐이다.

집단 본능 하나만 가지고도 도덕 감정 중 가장 아름다운 것들을 이끌어낼 수 있다!

둘째, 왜 생명체들은 스스로 혹은
자연이 감당할 수 있는 것보다
더 많은 자손을 낳는가?

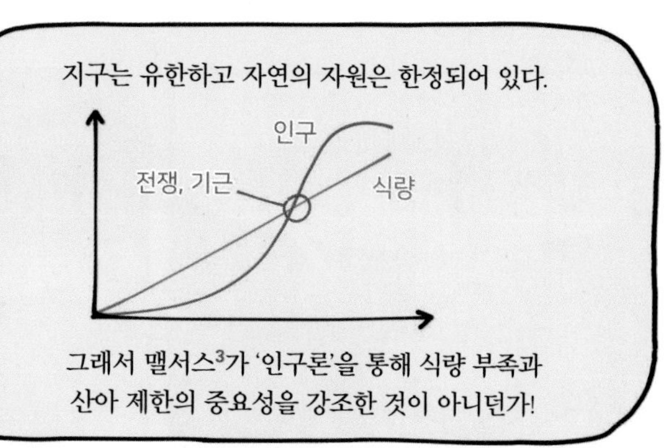
지구는 유한하고 자연의 자원은 한정되어 있다.
인구
전쟁, 기근
식량
그래서 맬서스³가 '인구론'을 통해 식량 부족과
산아 제한의 중요성을 강조한 것이 아니던가!

그런데도 생물체들은 늘 자신이 속한 세계가
품을 수 있는 것보다 더 많은 자손을 낳는다.

도대체 왜?!

부족한 자원에 넘치는 개체는 경쟁을
유발하고, 이 과정에서 각 개체가 타고난
변이들의 적응성이 더 분명히 드러난다.

풍족한 환경에서는 개체 중 누가 더 뛰어나고
누가 더 열등한지가 크게 중요하지 않지만,
자원이 부족한 환경에서 이는 매우 중요해진다.

완벽함은 치열한 경쟁에서 생겨난다. 사소한 차이들로 매 단계마다
당시의 조건에 가장 잘 적응한 것들이 추려지며, 하나의 생명체가 지니는 완벽한 현재 모습은
소멸한 수백만에서부터 유래된 것이다.

셋째, 변이들은 왜 생겨나는 것일까?
개체의 습관적 행동이 본능으로
고착되어 변이를 유발하는 것일까?

라마르크의 주장처럼 높은 나뭇가지 위의 나뭇잎
먹이를 먹기 위해 목을 길게 빼는 행위들이 반복되면서
기린의 목이 길어지는 것일까?
잠깐! 그럼 얘는
왜 가만히 있는
거야?
여기 이 녀석!

어쩌면 변이는
무작위적으로
일어나는 것이
아닐까?
사각

우연한 변이로 다른 기린보다 목이 더 긴 기린이 태어나고,
이들이 경쟁에서 차지하는 우위가 앞서서 번식에서 더 성공한 것은 아닐까?
그렇게 계속 목이 조금 더 긴 기린들이 번식에서 우위에
놓이면서 점차 목이 짧은 기린들은 도태된 것이 아닐까?

자연은 전지전능한 창조주는 아닐지라도,
다양한 변이들 중 사소한 우위를 지닌 것들을
선택하는 데 무한히 기민하다.

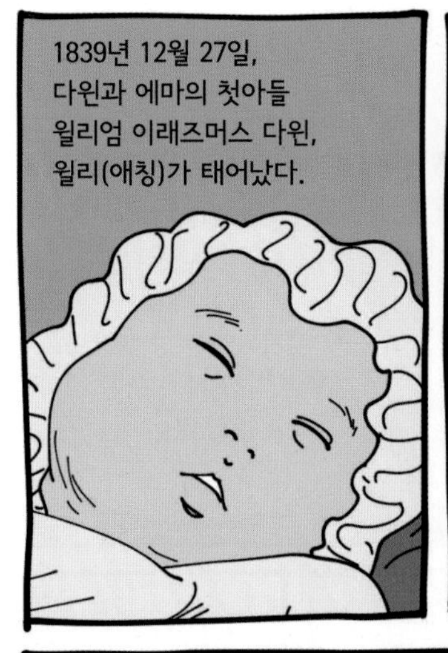
1839년 12월 27일,
다윈과 에마의 첫아들
윌리엄 이래즈머스 다윈,
윌리(애칭)가 태어났다.

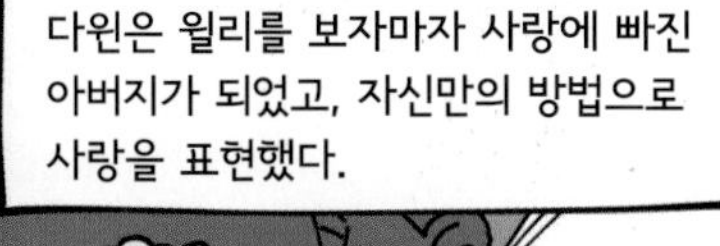
다윈은 윌리를 보자마자 사랑에 빠진
아버지가 되었고, 자신만의 방법으로
사랑을 표현했다.

틈만 나면 아기 침대 너머로
아기의 표정과 행동을 관찰하며
이를 꼼꼼히 기록했다.

그는 윌리에게 거울을
보여 주고 아기가 보이는
반응을 오랑우탄 제니의
반응과 비교했다.

다윈은 아이가 처음으로 분노와
즐거움, 이성의 징후들을 보였던
날의 반응을 기록했다.
실로 과학자 아버지다운
육아 일기였다.

에마! 윌리가 화를
내기도 하는구려.

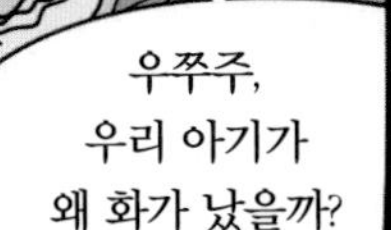
우쭈주,
우리 아기가
왜 화가 났을까?

다음 해, 다윈은 연년생
으로 첫딸 앤 엘리자베스,
즉 애니를 얻었다.

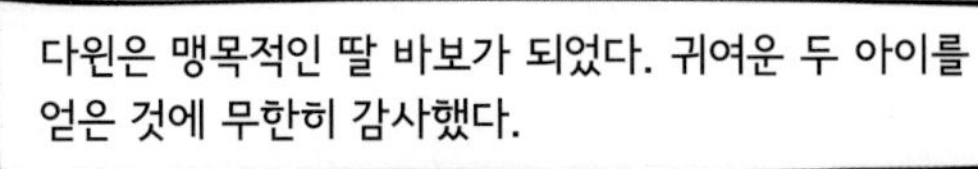
다윈은 맹목적인 딸 바보가 되었다. 귀여운 두 아이를
얻은 것에 무한히 감사했다.

오잇!

그러나 그는 이 행복을 완전히 누리지
못했다.

다윈은 건강하지 못했다.
툭하면 아파서 드러눕는 날이 많았고, 요행히 침대를 벗어나더라도 편두통과 위통이 점점 심해졌다.

특히나 그가 걱정하는 것은 자신이 유전적으로 불리한 '친족 결혼'을 했다는 사실이었다.

이 걱정은 윌리가 병약한 아이로 자라나자 더욱 증폭되었다.
약한 개체는 제거되어야 할 존재야. 경쟁은 강한 자를 위한 것이지 약한 자의 몫이 아니야.

그런데 친족 결혼을 한 병약한 아버지에게서 태어난 허약한 자식이라니….

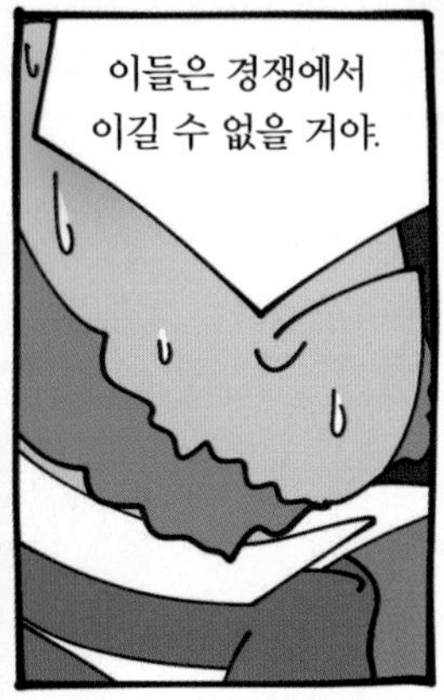
이들은 경쟁에서 이길 수 없을 거야.

약한 개체는 제거되어야 할 존재야.

경쟁은 강한 자를 위한 것이지 약한 자의 몫이 아니야.

다윈은 이런 생각으로 육신과 영혼이 점점 쇠약해졌다.
이를 어쩐단 말이지!?

어느 날, 다윈은 더 이상 견디지 못하고 에마에게 고민을 털어놓았다.
아무래도 우리 아이들은 건강이 좋지 않을 것 같소.
왜요?

당신과 내가 친족 결혼을
했기 때문이오.

친족 결혼은 유전학적으로
열등한 개체를
생산해요.

그게 무슨 말이에요?
우리는 하느님의 축복을
받고 결혼한 사람들이에요.

다윈은 엄청난 비밀을 혼자서 간직하고 있다는 것 자체가 큰 스트레스였으므로 아내와 부담을 나누고 싶었으나 결과는 그 반대였다.
찰스는
구원을 받지 못할
거야. 이를 어쩐단
말인가….

독실한 기독교 신자였던 에마는 사랑하는 남편의 머릿속에 이토록 불경한 생각들이 자리 잡고 있다는 데 크게 놀랐다.
내가 괜한
말을 했군….
슬퍼하는 아내의 모습은 마음의 부담을 나누려 했던 그에게 또 다른 짐이 되었다.

그럼에도 다윈의 머릿속은 생물의 진화에 대한 여러 생각으로 가득 찼다. 이제는 툭 치기만 해도 그 생각이 밖으로 뚝뚝 떨어질 지경이 되었다.

다윈은 은밀하게 자신의 생각들을 나눌 대상을 물색했는데, 첫 번째가 라이엘이었다.
그는
내 생각을
이해해 줄 거야.

그는 매우 조심스럽고
신중한 단어를 골라 라이엘에게
편지를 보냈다.
하지만 답장은 돌아오지 않았고,
이 일로 크게 실망했다.

다윈은 자신이 약한 개체라는 슬픈 운명과 아내를 절망하게 만든
남편이라는 자책으로 괴로운 나날을 보냈다.
또한 자신의 생각을 이해해 줄 학문적 동료를 구할 수 없는
외로움으로 고통스러웠다.

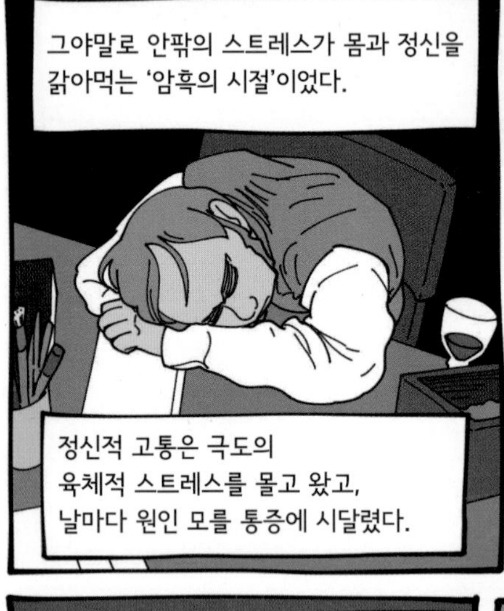
그야말로 안팎의 스트레스가 몸과 정신을
갉아먹는 '암흑의 시절'이었다.
정신적 고통은 극도의
육체적 스트레스를 몰고 왔고,
날마다 원인 모를 통증에 시달렸다.

급기야 침대에서 일어날 수
조차 없게 되었다.

그는 더 이상 복잡하고
불결하고 소란스러운
런던의 대기를 견뎌 낼
힘이 없었다.

에마와 누나들은 그에게 조용하고
깨끗한 시골에서의 휴양을 권했다.
안 되겠어요.
우리 시골로
이사해요.

다윈은 만삭인 아내와 두 아이를 데리고 런던에서 마차로
두 시간 거리의 켄트 주에 위치한 다운하우스로 이사를 했으며,
그곳에서 나머지 평생을 보냈다.
오늘은
혈색이 좋아
보여요.
하하..
이제야
좀 살 것
같군.

1842년 가을,
다윈 부부는 다운하우스로 온 지 보름 만에 세 번째 아이
메리 엘리노어를 얻었으나, 한 달도 안 되어 땅에 묻어야 했다.

하지만 다행스럽게도 근처에 사는 에마의 오빠 헨슬레이의
아이들이 다운하우스로 와 같이 살게 되었다.

세 살과 두 살이 된 윌리와 애니,

헨슬레이의 아이들인 아홉 살 스노와
한 살 아래 브로, 다섯 살 어니가
더해지자 집안 분위기는 금방 아이들의
활력으로 가득 찼다.

다윈은 평생토록 아이를
사랑했고, 많은 아이를
얻었다.

윌리, 애니, 메리에 이어 헨리에타 에마(1843), 조지 하워드(1845),
엘리자베스(1847), 프랜시스(1848), 레너드(1850), 호레이스(1851),
다윈 워링(1856)까지 모두
열 명의 아이가 태어났다.

이 중 세 아이를 먼저 떠나보내는 아픔을 겪었다.

특히 다윈은 1951년, 첫딸 애니의 죽음으로
심경의 큰 변화를 겪었다. 신의 존재에 대해 의문을
가지기 시작했기 때문이다.

1844년 1월, 다윈은 드디어 자신의 생각을
터놓을 사람을 찾아냈다.

그는 군의관 출신의 식물학자인
조지프 돌턴 후커[4]였다.

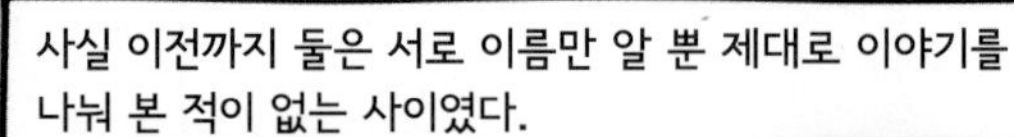
사실 이전까지 둘은 서로 이름만 알 뿐 제대로 이야기를
나눠 본 적이 없는 사이였다.

자유로운 유니테리언파 가풍 속에서 성장한 다윈과 달리
후커는 엄격한 국교도 집안 출신으로 둘은 종교적, 사상적
배경이 많이 달랐다.

그럼에도 다윈이 비밀의 첫 공유자로 후커를 선택한 이유는
그가 자신과 비슷한 경험을 했기 때문이다.
함정을 타고 세계를 여행했으니 나의 마음을 잘 알아 줄 거야.
둘은 여덟 살이나 차이가 있었으나 전 세계를 항해하며
세계가 움직이는 방식을 직접 본 경험이 이들을
하나로 묶어 주었다.

식물학자로서 당신의 지혜를
나누어 주십시오. 당신이 직접
경험한 남아메리카 식물상의
폭넓은 함의를 생각해 보고,
그것을 유럽의 식물상과 비교해
본다면 그 일은 큰 의미를
가질 겁니다.

다윈 선생님이 나에게
편지를 다 보내다니…
큰 영광이군.

후커는 다윈의 《비글호 항해기》를 읽은 뒤 그의 열렬한 팬이 되어
있었다. 다윈의 편지를 자신에게 보여 준 신뢰의 증거로 여겼다.
제 보잘것없는 지식을 높이 평가해 주셔서 대단히 감사합니다.
저는 이번 항해를 통해 태즈메니아에서 티에라델푸에고에 이르는
남반구 전체에 걸쳐 식물들이 놀라운 유사성을 보이고 있는 것을
관찰했습니다.

다윈은 열정적이고 자신감 넘치는 어조로 쓴 후커의 논문 초고를 받았다. 그 글을 보는 순간, 7년 동안 꽁꽁 숨겨 왔던 다윈의 마음은 순식간에 무장 해제가 되었다.

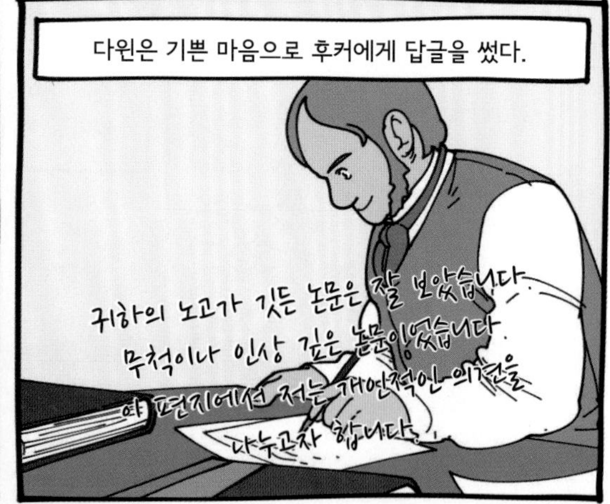
다윈은 기쁜 마음으로 후커에게 답글을 썼다.
귀하의 노고가 깃든 논문은 잘 보았습니다. 무척이나 인상 깊은 논문이었습니다. 이 편지에서 저는 개인적인 의견을 나누고자 합니다.

저는 지난 7년 동안 매우 주제 넘고 어리석은 일에 매달려 있었습니다. 저는 수집한 자료를 토대로 종이 변한다는 사실을 거의 확신합니다.

생물 종은 태초에 만들어져 지금까지 유지된 것이 아니라, 끊임없이 변하는 변화무쌍한 존재입니다.

저는 지금 살인을 고백하는 죄수의 심정입니다. 하지만 저는 그저 맹목적으로 채집을 해서 결과를 알아냈을 뿐 범죄를 저지를 의도는 없었습니다.

더군다나 진화와 같은 엄청난 사실을 고의적으로 주장할 어떤 의도도 없었습니다. 하지만 진화는 이미 일어난 현상이고 명백한 사실입니다.

편지를 받은 후커는 크게 당황했다.
다윈 선생님이 주장하는 종의 변형과 진화는 우리 사회에 대한 큰 모욕이 될 수 있어!

하지만… 선생님도 그 사실을 잘 아는 것 같군. 살인과 같은 중범죄에 비유하는 것으로 봐서 말이야.

당시에 다윈 외에도 종 변형을 주장한 인물들이 있었다. 그러나 이들은 생물학적 의미가 아니라 사회적이고 정치적인 의미로 이야기했다. 다윈이 생각하는 그것과는 의미가 달랐다.
다윈이 생각하는 종 변형은 우연히 발생한 사소한 변이들이 변덕스러운 환경과 자연 속에서 경쟁을 통해 서서히 나타나는 자연 선택의 결과였다.

다윈이 생각하는 진화는 다양성 속에서 나타난 우연한 결과일 뿐, 어떠한 방향성도 목적성도 없었다.

하지만 당시 종 변형을 주장한 사람들의 생각은 생명이 자기 개선을 위해 노력하며, 목적과 의도에 따라 스스로를 변화시킬 수 있다는 것이었다.
이는 기존의 체제를 거스르는 무정부주의자들과 혁명 세력들에게 환영받는 생각이었으며, 선정적인 언론들이 탐내는 자극적 소재였다.

종의 변형을 의도적이고 목적적인 과정으로 받아들여 정치적으로 악용해서는 안 돼. 혹시 이들이 나를 자신과 같은 패거리로 취급하는 것 아냐?

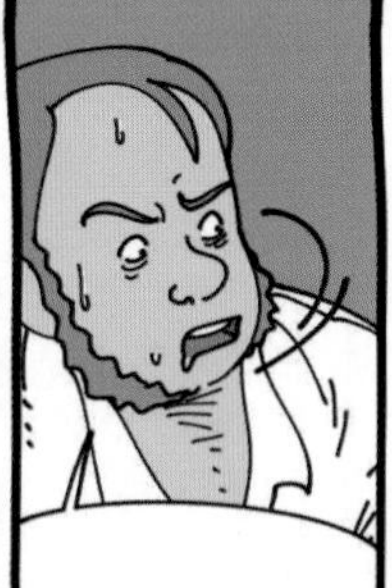
후커는 왜 아직 답장을 보내지 않는 거지?

후커는 다윈의 첫 번째 편지에는 바로 답장을 주었으나 두 번째 편지는 2주가 지난 뒤에 답장을 주었다.
흐음…
끼

사실 저는 종의 변형에 대해서는 잘 알지 못합니다. 정말로 종이 점진적으로 변해 가는 것일 수도 있습니다. 다만, 저는 이 변화가 어떤 방법으로 일어나는지에 대해 선생님의 생각을 좀 더 듣고 싶습니다. 지금까지 제가 들었던 어떤 주장도 저를 만족시켜 주지 못했기 때문입니다.

어떤 주장도 만족시키지 못했단 말이지….
지금 내가 해야 할 유일한 일은 종 변형에 대한 생각을 잘 정리해서 후커에게 보여 주는 것이겠군.

다윈은 후커의 신뢰를 연료 삼아 종 변형에 대한 189쪽짜리 논문을 단숨에 써 내려갔다.

그러나 그는 후커에 대해서 착각을 하고 있었다. 후커는 다윈의 종 변형에 대한 생각을 받아들인 것이 아니라, 그 견해에 반대 의견을 내는 것이 조심스러웠을 뿐이다.

그러거나 말거나 후커는 다윈에게 제대로 '찍혔다'.

다윈에게 식물학 지식을 제공해야 했고,
후커…

후커.

후커!
늘 틀어박혀 있는 다윈을 대신해 최신 현미경을 가져다 주어야 했다.

또 다양한 분야의 사람들을 데리고 다윈의 집을 방문했다.
후커… 친구들?

후커는 스스로를 고립시킨 다윈이 외부와 소통하는
통로의 역할을 충실히 했다. 다윈은 후커에게 끊임없이
질문하고 정보를 얻어 냈으며, 스스로 이를 후커에 대한
'펌프질'이라 불렀다.

다운하우스에서의 삶은 바쁘게 돌아갔다.
다시 힘을 얻은 다윈은 《비글호 항해기》의
개정판과 《산호초》와 《화산섬》도 집필했다.
산호초
찰스 다윈
화산섬
찰스 다윈

그 와중에도 다윈은 후커를 시도 때도 없이 초대했고,
'펌프질'을 멈추지 않았다.
후커!!

후커는 그때마다 성실하게 달려와
그에게 펌프질을 당해 주었다.

1847년 12월, 다운하우스가 북적였다.
거실에는 작은 자연사학회가 열렸다. 식물학자 후커,
동물학자 워터하우스[5], 생물지리학자 에드워드 포브스[6],
고생물학자 휴 팔코너[7]가 다운하우스에 모였다.

다윈은 자신의 집에서 패기 넘치는 학자들의 젊은 피를
펌프질할 수 있어 매우 기뻤다.

안락한 다운하우스의 따뜻한 소파에 앉아
생생한 정보들을 얻는 건 꽤 괜찮은 일이었다.
그 시절 주말은 멋지게 흘러갔다.
어쨌든 처음에는 그랬다.
아마도 고대에는 대륙들이 서로 이어져 있었을 겁니다.

그래서 동물의 무리와 식물의 씨앗이 자유로이 퍼져 나갈 수 있었겠지요.

그렇다면 왜 지금은 대륙들이 떨어지게 되었을까요?

대서양을 연결했던 초대륙은 아마도 바닷속으로 가라앉아 버렸을 것입니다.

제가 서로 다른 대륙들에서 본 식물들의 유사성이 지금은 사라진 초대륙 아틀란티스를 상정하면 쉽게 해결되는군요.

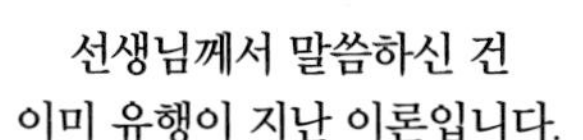

꼭 그렇게 거대한 가설을 설정해야 할까요? 물론 지각 변동을 사실로 받아들이지만, 그렇게 큰 대륙이 사라졌다는 것은 받아들이기 어렵군요.
그저 씨앗들이 바닷물의 흐름과 대륙을 오갈 수 있는 조류에 의해 전파된 것으로 보는 것이 타당하지 않을까 합니다만….

선생님께서 말씀하신 건 이미 유행이 지난 이론입니다.

대서양과 태평양을 지나면서 그 작은 씨앗들이 유실되지 않았다는 건 믿기 어렵습니다.
….

Darwin Theory of Evolution

7 벽장 속의 진화론자

1848년, 파리에서는 유혈 사태와 혁명이 일어났다.

영국에서는 차티스트●들이 선거권을 요구하며 시위를 벌였다. 여왕은 안위를 위해 궁을 떠났고, 정부는 무력으로 시위를 진압하려 했다.
VOTES
VOTES
FOR

'벽장 속의 진화론자' 다윈은 이런 분위기에 휩쓸리지 않고 평소 하던 일을 계속했다.

그는 프레데릭 제라르[1]가 생물 종에 대해 쓴 책을 읽으며 후커의 평을 되새기고 있었다.
이 사람은 자격이 없어요!

많은 종을 세세하게 분류해 보지도 않고 어떻게 종에 대해 왈가왈부할 수 있단 말입니까?

안 그래요?
그… 그렇지요…
나도 전문적으로 종을 분류해 본 적이 없는데….

비글호 여행 이후 많은 자료를 모으긴 했지만
그 정도 가지고 '종은 변한다'고 하면 후커 같은 사람들에게 비웃음을 당하겠지?

● 이른바 '2월 혁명'이라 일컫는, 빅토르 위고의 《레 미제라블》의 역사적 배경이 되었던 민중 봉기가 일어난 해.

● **차티스트** 1837년 시민의 권리를 주장하는 '인민헌장(People's Chart)'을 정치적으로 획득하고자 주도했던 세력.

후커가 특별히 다윈을 찍어 말한 것은 아니었으나
다윈은 자격지심을 가지게 되었다.
후커는 내가 종의 변이에 대해 말할 자격이 없다고 돌려 말하는 건가?
….

따개비 연구는 이런 자격지심을 극복하는
방편으로 시작되었다고도 할 수 있다.
한편으로 학계에서 절실하게 요구하는
연구이기도 했다.

돌조각처럼 생긴 따개비는 생김새 때문에 달팽이 같은 연체동물의 하나로 여겨졌다.

그런데 사실은 게나 새우 같은 갑각류의 일종이라고 한다.

따개비의 모든 변종을 철저히 조사하겠다는 다윈의 야심찬 연구는
장장 9년 동안 지속되었다.
라틴어로 된 학명을 멋들어지게 만드는 일이란 참….
고역이긴 해…
이때 다윈은 오늘날 우리가 알고 있는 따개비의 생활사
대부분을 밝혀 냈다.

따개비목에 속하는 해양성
갑각류인 따개비는 알에서
깨어 유생 상태로 바닷속을
유영하면서 삶을 시작한다.

따개비의 어린 유생을
노플리우스라고 한다.

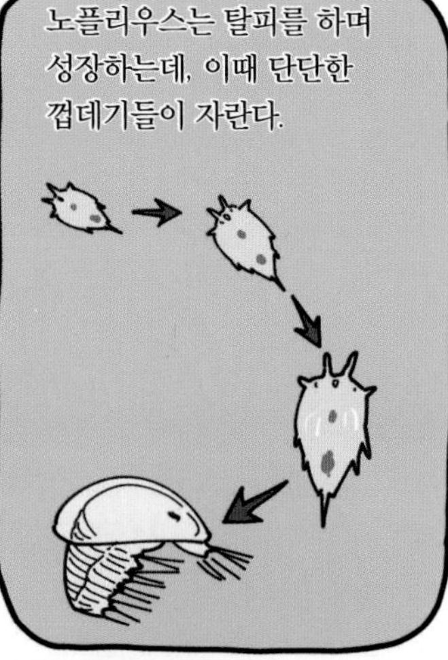
노플리우스는 탈피를 하며
성장하는데, 이때 단단한
껍데기들이 자란다.

껍데기를 가진 따개비는 머리를
바위 위에 붙여 몸을 단단히
고정한 뒤, 껍질로 몸을 감싸고
평생 지속될 칩거 생활에
들어간다.

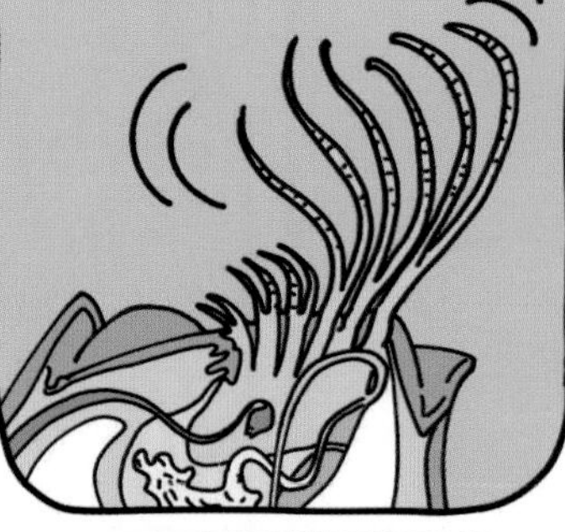
어린 시절 자유롭게 바닷물을
휘젓던 다리는 실 모양의
가느다란 부속지로 바뀌어
바닷물을 걸러 플랑크톤을 잡는
역할을 한다.

성체가 된 따개비는 바위에
단단히 달라붙어 움직이지 않게
되므로 암수가 만나 번식하는
일이 불가능해진다.

그래서 따개비는 종에 따라
저마다 번식을 위해 다양한
방법을 구사한다.

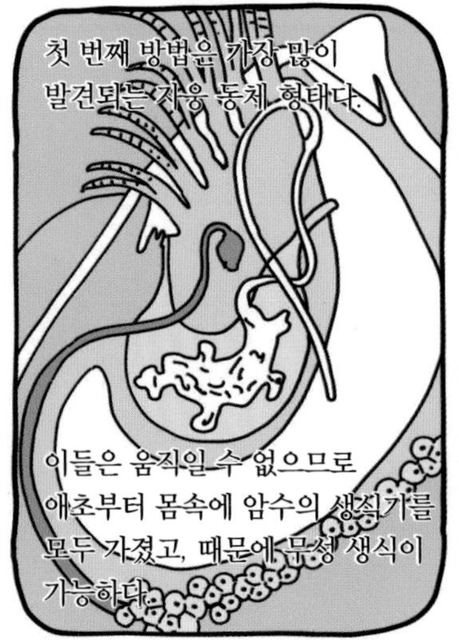
첫 번째 방법은 가장 많이
발견되는 자웅 동체 형태다.
이들은 움직일 수 없으므로
애초부터 몸속에 암수의 생식기를
모두 가졌고, 때문에 무성 생식이
가능하다.

그러나 자웅 동체라고 모두
자가 수정을 하는 것은 아니다.

수컷 따개비는 몸 전체 길이의 2배가 넘는 긴 성기를 가지는데, 이것을 뻗어 주변에 있는 다른 따개비들과 서로 정자를 주고받을 수 있어서 무성 생식의 약점인 '유전자(당시 '유전자'라는 용어는 없었음) 단일화'의 문제를 막는다.

두 번째는 자웅 동체이나 보충수컷을 가지는 것이다.
보충수컷은 아주 작은 생식기만 남기고 퇴화한 수컷을 말한다. 자웅 동체 따개비는 주로 암컷 역할을 하며 보충수컷을 2~10마리 정도 몸에 붙여서 유전적 다양성을 꾀한다.

세 번째 방법은 자웅 이체인데, 암컷보다 훨씬 작은 수컷 따개비는 기생충처럼 암컷의 피부 속에 자리 잡는다.

왜 같은 따개비류에 속하는 개체들이 이토록 다양한 번식 방법을 가지고 있을까?

굳이 바위에 고정시켜 놓고 번식 방법만 이토록 다양하게 만들었다는 게… 과연 납득할 만하단 말인가?

도대체 어떤 존재가 따개비의 짝짓기에 그토록 관심이 많단 말인가?

응?

1848년 11월 13일, 다윈의 아버지 로버트 워링 다윈 박사는 여든두 번째 생일을 맞이한 지 6개월 만에 유명을 달리한다.
아버지!

다윈에게 아버지는 무섭고 어려운 존재였으나, 아들을 끝까지 믿고 연구 활동을 아낌없이 지원해 준 든든한 버팀목이었다.

다윈은 아버지의 죽음이 준 충격이 너무 커서 결국 장례식에 참석하지 못했다.
흑흑, 아버지….

그는 아버지의 죽음으로 위장병과 우울증이 다시 도졌고, 증상은 오래갔다.
다윈!
해가 바뀌었어도 고통 속에서 헤어나지 못해서 너무나 여위고 약해져 제대로 걷지조차 못 할 정도였다.

철학자 선생!• 도대체 몇 년간 무슨 일이 있었던 거요? 화석 수집한다며 바윗덩이를 지치지도 않고 파던 사람이….
하… 하…
설리번², 꼴이 말이 아니지요?

혹시 물 치료라고 들어보셨소?
글쎄… 요…

제임스 걸리라는 분이 하는데 효과가 커서 인기가 좋답니다.
맬번• 언덕에 병원을 짓고 환자를 받은 게 7년 전인데, 지금은 아주 성공했다오.

거기 한번 가 보시는 게 어떻겠소?

● 설리번은 비글호 항해 당시 다윈을 '철학자 선생'이라고 불렀다.

● **맬번(Malvern)** 영국 우스터셔 주에 있는 도시이다. 대략 400년 전부터 전해 내려오던 'Malvern Water'의 효험을 직접 확인하기 위해 19세기 들어 광천이 개발되고, 그 후 물 치료가 생겨나 널리 알려지면서 이곳은 급속하게 발달하기 시작했다.

생각해
보겠소.

만성 질환에서의
물 치료
탁

몸에 냉수를 끼얹어 혈액 순환에
영향을 끼쳐 다양한 증상들을
치료한다…. 이게 가능한 건지?

그 사람 사기꾼
같아 보이지
않아요?
….

내 증상은 돌아가신
아버지가 겪었던 것과
같아요.
촤악

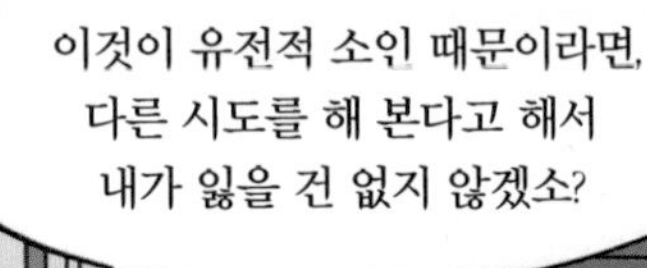
이것이 유전적 소인 때문이라면,
다른 시도를 해 본다고 해서
내가 잃을 건 없지 않겠소?

치료를 위해 온 가족이
맬번으로 이동했다.

다윈의 가족은 마차로 런던으로
가서 철도 편으로 글로스터까지
갔다.

거기서 전용 마차를 타고 3시간 동안
유료 도로를 달려 목적지에 도착했다.
끼익

어서 오세요,
다윈 씨!
~♪

….
수전, 누나에게…

물 치료는 이런 과정으로 진행돼. 먼저, 땀이 줄줄 흐를 때까지 몸을 알코올램프로 덥혀.

그런 뒤 찬물에 담근 거친 수건으로 몸을 골고루 문지르지. 그러면 내 몸이 바닷가재처럼 빨갛게 돼.

이 과정이 끝나면 큰 컵으로 물을 한 잔 마신 뒤, 빨리 옷을 입고 산책을 해야 해.

하루에 두 번 찬물에 발을 담그고, 아마포를 넓게 접어 찬물에 담근 뒤 물이 새지 않게 고무방수포를 씌우고 압박붕대로 위 부위를 감싸고 다녀.

물을 신선하게 유지하기 위해 적신 아마포는 2시간마다 한 번씩 갈아줘야 해.

도대체 찬물로 몸을 문지르고 차가운 아마포를 감고 걸어 다니는 게 왜 몸에 좋을지 설명할 수는 없어. 하지만….

이 기이한 치료 덕분에 구토하는
횟수가 줄고, 머리도 맑아지고,
몸에 살도 붙기 시작했어.

물 치료 덕분에 건강이 조금씩 좋아지고
있는 것 같아.
다윈은 16주 동안 물 치료를 받은 끝에 걸리 박사로부터
완치 판정을 받고 다운하우스로 돌아왔다.

집에서도 물 치료를 받을 수
있도록 해야겠어.
구토 증상은 멈추었지만 예방이
필요할 테니….

물을 긷기 편하게 이 우물
옆에 작은 오두막을 지어 주세요.
오두막 안에 욕조를 들여놓을 수
있어야 해요.
욕조 위쪽에는 2400리터 정도
물을 담을 수 있는 물탱크도
달아야 해요.

공사가 끝난 뒤 다운하우스에서는 매일
아침마다 이상한 광경이 연출되었다.
비헐비헐

후다닥

준비됐네!

추아악

콰르르

다윈 선생님,
됐습니다!

후다다닥

풍덩!

후우우…
다윈이 글로 남긴 증상으로 봐서 그가 크론병 (Chrohn's disease)● 을 앓았고, 정신적으로는 우울증과 공황 장애를 앓았던 것 같다.

자주 재발되는 구토와 설사, 원인 모를 복통은 크론병의 증상과 비슷하고,
순간적인 공포감과 심박 수의 증가, 소화 불량과 메스꺼움, 갑작스런 오한과 발작 등은 우울증과 공황 장애의 증상과 겹치기 때문이다.

하지만 현재의 추론일 뿐, 당시 그가 왜 이런 증상을 경험했는지 정확히 판단할 수 없으므로 물 치료가 어떤 효과가 있었는지 알 수 없다.

다윈은 나중에 이런 말을 했다.
그게 말이야….

● **크론병** 식도부터 대장까지 모든 소화관의 전 부위에 만성 염증이 생기는 질환으로, 일종의 자가면역 질환이다. 하복통, 발열, 직장 출혈, 장관 외 증상으로 빈혈, 영양 결핍, 근골격계 이상, 신장 기능 이상, 안과적 증상 등 복합적 증상이 나타나기도 한다. 완치가 어렵고 재발이 잦아 난치성 질환으로 분류된다.

물을 맞으면서 느낀 시원함과 환기 효과, 피부 자극이 기분 전환의 계기가 되었을 겁니다.
현대 의학도 '플라시보 효과(placebo effect)'●를 인정하므로 다윈의 물 치료는 그런 효과였을 것으로 추정된다.

몸이 좀 나아지자 다윈은 미뤄 두었던 따개비 연구를 다시 시작했다.

다윈은 여기저기 수소문해서 수백 점의 따개비 표본과 화석을 수집하고 하나하나 분석했다.
과연 하나의 원형에서 시작되어 갈라져 나온 것인가?

1851년, 다윈은 네 아들과 네 딸의 아버지가 되었고, 5월이면 아홉 번째 아이가 태어날 예정이었다.●

다윈은 아이들 모두를 무척 사랑했는데, 그중에서도 큰딸 애니를 가장 귀여워했다.
하하하!

애니는 키가 크고 상냥한 소녀였다.

애니는 다윈이 산책을 나가기 전 옷에 묻은 먼지를 털어 주고 셔츠의 주름을 없애서 아버지를 '멋있게' 만들어 주면서 기뻐했다.

● **플라시보 효과** 실질적 효능이나 약효가 없는 가짜 약이 환자의 심리적 안정이나 치유에 대한 믿음으로 인해 효과가 나타나는 현상.

● 1851년 5월 13일에 호레이스가 태어났다.

아버지의 기분을 한발 먼저 알아차리고
위로할 줄 아는 '아빠의 딸'이었다.

그런 애니가 시름시름 앓고 있었다. 애니는 다윈과 동일한
구토와 메스꺼움, 어지럼증을 겪고 있었다.
오, 사랑스런
애니. 내 병을 물려
주다니….

애니,
물 치료를
받아야겠다.
그러면
나처럼
나을 거야.

애니, 미안해.
엄마가 같이 가야 하는데….
저는 괜찮아요.
에티도 함께 가는 걸요.
꼭 나아서 돌아올게요.

언니, 얼른 와.

3월 24일, 다윈은 애니를 데리고
걸리 박사가 있는 맬번으로 떠났다.

하지만 물 치료는 전혀
효과가 없었다.

아직 어린애였던 애니에게는
갑작스레 쏟아지는 찬물과 얼음
욕조가 낯설기만 했다.
꺄악!

애니, 아빠가
런던에서 볼일을
좀 봐야 해.
한 달 뒤에 올게.
그동안 치료
잘 받고 있어.
네, 아빠.

3월 31일, 다윈은 런던에서 볼일을 본 뒤
다운하우스로 왔지만 애니가 심각하다는 전갈을
받고 급하게 맬번으로 갔다.
애니!

….

오… 주여…
제발….
다윈은 여위어만 가는 딸을 보며
엄청난 두려움에 몸서리쳤다.

이럴 때 에마라도 곁에 있었더라면 덜했을 텐데….
에마는 해산날이 얼마 남지 않은 상태였다. 악화된 애니의 상태를 보고 충격을 받으면 산모와 아기 모두 위험해질 수 있다는 이유로 다윈 자신이 못 오게 했다.

다윈은 세상에 오직 혼자만 남아 있는 느낌이 들었다.
저 볼이 다시 통통하고 발그레질 수만 있다면 그 무엇도 아깝지 않으련만….

다윈의 간절한 소망을 저버리듯 애니는 며칠 동안 아무것도 먹지 못하고 토하기만 했다.

아가, 물이라도 마셔 봐.
애니?

애니!
결국 애니는 아버지의 품에 안겨 숨을 거두었다.

나의 사랑 에마에게,

애니가 영원한 안식에 들어갔소, 탄식 한 번 없이.
그 아이의 솔직하고 사랑스러운 행동들을 떠올리면
쓸쓸한 마음을 가눌 길이 없소.
이 사랑스러운 아이가 떼를 썼던 일은
아무리 떠올려 봐도 기억에 없소.
애니에게 신의 축복이 있기를.

1851년 4월 23일, 찰스

4월 24일, 다윈 가족은 애니의 장례를 치렀다. 아이들은 애니의 죽음에 혼란스러워했다.

엄마, 천사들은 다 남자인데, 여자들은 어디로 가나요?
오… 에티. 애니는 착한 아이였으니 분명 천국으로 갔을 거야.

엄마, 나도 천국으로 갈까요? 난 지옥으로 갈까 봐 무서워요.

우린 모두 천국으로 갈 거야. 엄마도 아빠도 너도. 우린 거기서 애니를 다시 만나게 될 거란다.

아니야. 아니야! 애니는 죽어서는 안 되었어!

애니는 죽을 이유가 없는 아이였다!

그 애는 어떤 벌을 받을 만한 짓을 한 적이 없고, 나와 가족은 아이를 한 번도 거부한 적이 없었어!

그럼에도 죽었다!
헉…
헉…
신이 있다면, 세상이 정당하고 공정한 법칙에 의해 돌아간다면! 일어날 수 없는 일이야.

애니는 그저… 그저
자연이라는 날카로운 낫에
스친 우연한…

우연한!
희생자일
뿐이야!

나중에 다윈은 이 시기에
자신의 기독교적 믿음이
종언을 고했다고 말했다.

그 무렵 영국은 '해가 지지 않는 나라'
라는 별명에 걸맞게 세상에서 가장
부유한 제국이었다.

전신 케이블이
부설되어 최신
소식을 빠르게
전달해 주고
있었으며,

식민지가 된 호주에서는
금광이 발견되었고,
영국은 식민지에서
들여오는 진귀한
물건들이 넘쳐났다.

자유방임주의 경제로 인해 벼락 부자가
된 이들이 속출했다.

사람들은 기대에 들떴고, 마음속에는 출신 성분에 상관없이
누구나 기회를 잡을 수 있다는 기대가 피어나고 있었다.
만국박람회는 이런 분위기의 정점이었다.

1851년 5월 1일, 런던 하이드 공원 만국박람회장
만국박람회장에 조지프 팩스턴[3]의 최신식 건물이 모습을 드러냈다. 강철과 유리로 이루어져 마치 거대한 온실 같은 이 구조물은 '수정궁'이라는 별칭답게 잿빛 하늘 아래에서도 눈부시게 빛났다.

수정궁 내부는 더 별천지 같았다. '현대 과학의 도움으로 일구어 낸' 다양한 물품들과 기계들이 그득그득 쌓였고, 사람들은 신기한 현대판 마법 도구들에 정신을 빼앗겨 버렸다.

저절로 물을 퍼내는 펌프와 자동으로 신문을 찍어내는 인쇄기,
PRINTING MACHINE.

스스로 옷감을 짜 내는 방적기, 굉음을 내는 엔진과 뜨거운 물을 만들어 내는 보일러 등….
사람들은 너 나 할 것 없이 수정궁과 그 안의 신기한 물건들을 보려고 몰려들었다.●

유럽 사회는 힘차게 변하고 있었다. 과학의 결과물들은 산업 구조를 바꾸었고, 사회적 지위를 만들었다.

전통 귀족 문벌을 등에 업은 사람들이 아닌 학식과 지식으로 무장한 새로운 젊은 지식인들(교수, 의사, 변호사, 작가, 자연학자, 언론인, 정치가 등)이 주목받는 계층으로 떠올랐다.

● 1851년 한 해 동안 영국에서 기차를 이용한 승객의 숫자가 영국에서 철도 운행이 시작된 이래 기차를 이용했던 모든 승객의 숫자를 뛰어넘었다.

그들은 실증주의, 공화주의, 세속주의, 유물론,
무신론 등을 믿었다.
그들은 자연을 신이 정해 준 질서대로
고정된 것이 아니라, 다양한 존재의
경쟁적인 시장으로 인식했다.

1851년 7월 30일, 다윈의 식구들은 만국박람회가
개막한 지 두 달이 지나서 박람회장을 찾았다.

수정궁을 처음 본 아이들은 흥분했지만,
아이들답게 곧 흥미를 잃고 보채기 시작했다.

하는 수 없이 다윈 부부는 둘이서 수정궁
구석구석을 누비며 현대 과학의 경이를 즐겼다.

덕분에 그곳에서 한 블록 떨어진 곳에 살고 있는
형 이래즈머스가 조카들을 보느라 진땀을 뺐다.

다윈은 정신없이 이 현대 과학의 결과물들을 즐기다가
결국 또 탈이 나고 말았다. 결국 기진맥진해 다운에
있는 집으로 돌아와 또 앓아눕고 말았다.

역시… 이제 그런
호사는 내겐 무리구나.

애니를 잃은 뒤로 찰스는 물탱크 오두막에 발걸음을 끊었다. 사람들과의 만남도 거의 중단했다.

낮에는 서너 시간 동안 따개비를 관찰하고, 밤에는 위통에 시달리며 고통스러운 시간을 보냈다.

그는 점차 아무도 믿지 않았고, 실제로 누구도 만나려 하지 않았다.

다윈이 다시 밖으로 나가게 된 것은 1852년 런던 세인트폴 대성당에서 열리는 웰링턴 공작[4]의 장례식 때문이었다.

장례식장에는 토머스 헉슬리[5]도 있었다. 다윈은 그와 직접 만난 적은 없었지만, 그가 다윈에게 논문을 보내서 이름을 기억하고 있었다.

와글
와글

보답으로 다윈은 그에게 따개비에 관한 책 첫 권을 보내 주었다.

토머스
헉슬리
입니다.
아… 예…
헉슬리 씨.
하하.

훗날 '다윈의 맹견'으로 불리게 될 헉슬리와 다윈의 첫 만남은 그렇게 싱겁게 지나갔다.

처음에는 몇 개월이면 끝날 것 같던 따개비 연구가
무려 8년의 세월을 끌었다.

다윈의 따개비 연구는 몇 쪽짜리 논문이 아니라,
각각 1,100쪽과 900쪽에 달하는 2권의 연구서로
세상의 빛을 보았다.

책은 발간되자마자 사람들의 눈길을 끌었다.
따개비라는 미지의 생명체에 대해 이토록
자세하고 논리적으로 분석한 책은 없었기
때문이다.
와아…

다윈은 이 책과 이전에 발간했던 《비글호 항해기》
3부작으로 1853년 11월 30일 왕립학회 연례 모임에서
이른바 '자연철학계의 기사 작위'라는 왕립학회
메달을 받았다.
…
하하…

다윈은 비로소 자신을 붙들고 있던 따개비에게서 벗어났다.
그는 좀 더 많은 동물의 변이와 진화에 관심을 돌렸다.

진화론자로서 다윈의 행보가
본격적으로 시작된 것이다.

Darwin Theory of Evolution

8

자연 선택과 《종의 기원》

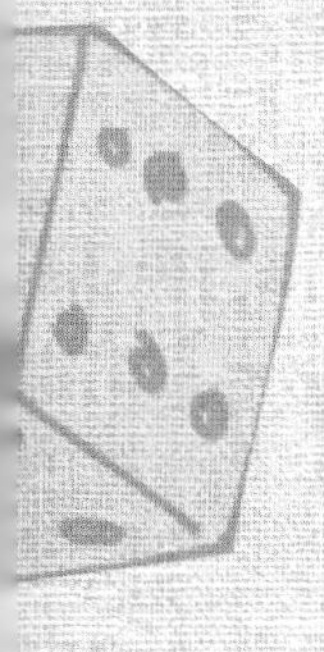

다윈이 따개비 연구를 끝냈을 무렵, 크림 전쟁● 이 일어났다. 다윈은 비참하기 이를 데 없는 전쟁을 보면서 자연의 상태가 전쟁과 비슷하다는 생각을 했다.

다윈은 점점 '투쟁'이라는 개념에 빠져들었다.

투쟁은 어떤 과정을 통해 일어나며, 무엇이 투쟁의 결과를 좌우하는 것일까?

다윈이 진화에 대한 연구를 하던 때에 이미 '생명의 나무'라는 개념이 알려져 있었다.
하나의 뿌리에서 줄기가 자라나고 거기서 가지가 뻗어 나가듯이, 생명체도 하나의 원형에서 갈라져 다양한 형태로 변모하는 것이 분명해!

'가지를 갈라지게 하는 힘'은 무엇일까?
자손이 부모를 닮는 것은 당연해. 부모의 피와 살을 받아서 태어나니까.

하지만 이런 일만 반복된다면 자연의 모든 생물은 대나무 형태로 곧게 뻗어 올라가야만 할 거야.

● **크림 전쟁** 1853년부터 1856년까지 러시아 제국에 맞서 터키, 영국, 프랑스, 사르디니아 공국 연합국이 벌인 전쟁. 러시아의 크림반도가 주요 전쟁터였기 때문에 이런 이름이 붙었다. 세력권을 넓혀 가려는 러시아의 지중해 진출을 막기 위해 벌어진 전투였다. 양측의 사상자가 50~80만으로 추정되어, 역사상 인명 피해가 유난히 큰 전쟁으로 알려졌다. '흰 옷의 천사' 나이팅게일이 활약한 전투로 더 많이 알려져 있다.

그늘이 넓고
가지가 많은
플라타너스 형태로
자라나기 위해서
가지는 줄기로부터
분리되어야만 해.

자손이 부모로부터
벗어나 새로운
가지로 갈라지게
만드는 힘은
무엇일까?

생각의 실마리는 종종 엉뚱한 곳에서 툭 튀어나온다. 아르키메데스에게 욕조가 '유레카'의 발원지였다면, 다윈에겐 시골길을 달리던 마차가 그렇다.

아!

만약 모든 장인이 구두만 만드는 마을이 있다고 생각해 보자. 구두가 필요한 사람들의 수는 무한하지 않기 때문에 시장은 곧 포화 상태에 빠질 것이다.

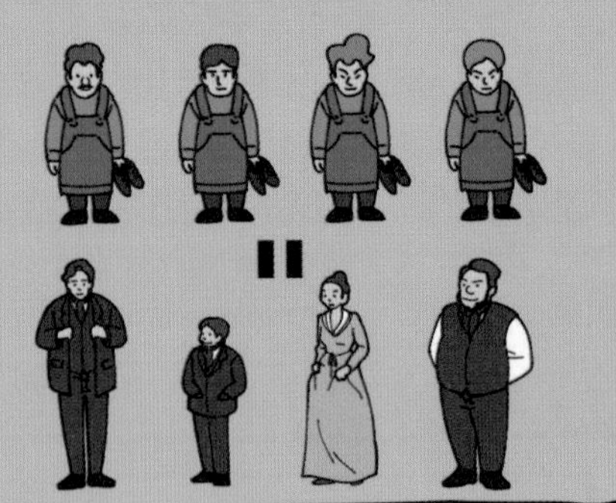

이럴 경우에 모든 장인이 일제히 생산량을 줄여 근근이 살아가거나…

아니면 각자 다른 장인보다 좀 더 많은 구두를 팔기 위해 방법을 생각해 내야 한다.

사람은 최대한의 이익을 원하는 이기적 존재이므로 가능한 한 경쟁에서 살아남고자 할 것이다.

대부분의 사람은 후자를 선택할 거야!

결국 경쟁에서 살아남은 몇몇 장인만 호황을 맞게 되고, 나머지는 구두를 만들어 파는 것으로 생계를 이어 갈 수 없는 상태에 이른다.

하지만 구두 장사 경쟁에서 도태되었다고 해서 구두 장인들이 모두 죽으라는 법은 없다.
!
구두 장인들 중 일부는 가죽을 다루던 솜씨를 이용해 벨트나 멜빵 같은 제품을 만들어 팔 수도 있으니까.

작은 마을 하나에 구두 가게가 두 개나 있을 필요는 없지만, 하나의 구두 가게와 하나의 벨트 가게는 얼마든지 공존이 가능하다.

마찬가지로 다른 구두 장인들도 액세서리나 지갑, 모자 같은 수공예품 만드는 재주를 익혀 새로운 활로를 개척해 나갈 수도 있다.

다윈은 산업과 자연의 동일함에서 분지(分枝)의 원인을 찾아냈다. 그는 자연계를 인간 사회보다 훨씬 더 큰 종(種)의 공장으로 보았다.
자연도 마찬가지가 아닐까?

그는 기존의 종들이 계속 번식하면 어미의 숫자보다 새끼가 더욱 많이 태어나는 생물체의 특성상 극심한 경쟁 체제가 만들어지고,
이런 경쟁 체제는 갈수록 심해질 뿐 결코 저절로 완화되지는 않을 거라 믿었다.

하지만 여기서 변종이 출현하면 어떻게 될까?

풀을 뜯는 사슴들을 예로 생각해 보자. 땅이 일 년 동안 키워 낼 수 있는 풀의 양은 한계가 있으므로 이 땅에서 살 수 있는 사슴의 숫자도 한정되어 있다.
= 1년 섭취량 1t

이는 사슴들이 새끼를 낳을 수 있는 능력과는 상관이 없다.

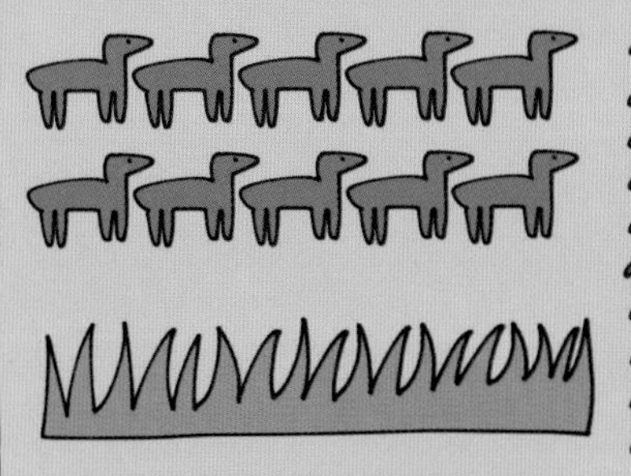
풀의 양이 사슴 열 마리만 먹여 살릴 수 있다면 어미 사슴이 새끼를 열 마리를 낳든 스무 마리를 낳든 최종적으로 남는 개체는 열 마리뿐이다.
결국 나머지는 도태되어야 한다.

그런데 만약 그중에서 다른 사슴들보다 목이 좀 더 긴 개체가 태어난다면 어떻게 될까?

나뭇가지 위 높은 곳에 있어서 그동안 아무도 먹지 못했던 나뭇잎을 목이 긴 덕분에 먹을 수 있다면 어떻게 될까?

만약 이 지역의 풀과 나뭇잎의 양이 비슷하다면 이전과 같은 공간에서 살 수 있는 동물의 수는 풀을 먹는 사슴 열 마리에 나뭇잎을 먹는 목이 긴 사슴 열 마리까지 더해 스무 마리가 될 수 있다.
변종은 생태계에서 비어 있는 틈을 찾아 새로운 기회를 잡은 존재들이라고 할 수 있다.

그러므로 변이는 극심한
경쟁 스트레스에서 벗어나는
효과적 탈출구가 될 수 있다.

런던처럼 복잡한 대도시에서
각기 숙련된 기술을 가진 수
많은 수공업자가 서로 공존할
수 있는 것처럼 말이지.

자연계라는 거대한 공장에서 비어 있는
생태적 지위를 발견함으로써 생존 경쟁의
압박에서 벗어날 수 있어.
이것이 바로
진화야.

하지만 어떤 이유로든 나무가 다 죽어 버린다면
목이 길다 한들 생존에 아무런 득이 없다.
!
?
...
그러므로 진화를 추동하는 변이는 결코 목적을
가지고 일어날 수가 없고, 당연히 변이의 결과에
따른 유불리도 계속 변한다.

시장은 예측이 어렵고 초기 조건의 변화는 시장 요구의
변화를 가져온다.
.....
!
누구도 미래를 정확하게 예측할 수 없다.

그러므로 '가장 높은 수익률을 보이는'
것에 모든 것을 거는 것은 무모한
도박이다.
콱

가능성이 높은 분야를 두루
살피어 분산 투자를 하는 것이
현명하지.

지금 이익을 내고 있다고 해서 앞으로도 계속 그러리라는 보장은 없기 때문에 끊임없이 새로운 투자처를 찾아야 해.

하지만 이성적 사고를 할 수 없고, 미래에 대한 예측을 할 수 없는 동식물이 스스로 자신에게 유리한 점을 찾아 그 방식대로 변이를 일으킨다는 건 말이 안 된다.

동식물들은 가능한 한 다양한 변이를 만들어 내도록 다양성을 확보한 뒤, 그중에서 일부가 적절한 생태계의 빈틈을 찾아내는 전략을 고수할 뿐이다.

특정한 생태적 환경에 맞게 변이된 것이 자연의 손에 의해 선택되었더라도 환경이 언제 달라질지 알 수 없으니 다양한 변이를 만들어 내는 것을 멈추면 곤란해.
♫~

진화는 목적적이 아니라 창발적이야! 진화의 진짜 추동력은 효율성이 아니라
다양성 이다!!

생물체가 시간에
따라 변한다는
사실은 다윈
당시에도 널리
알려져 있었다.

생물체가 생존을
위해 경쟁하고
투쟁한다는
사실도 널리
알려져 있었다.

하지만 진화의 원동력을 창발성을 바탕으로 한
다양성의 확보라는 개념에서 바라본 것은
다윈이 처음이었다.

다윈이 이런 식으로 세상을 바라볼 수
있었던 것은 그가 뛰어난
생물학자이면서 또한 유능한 투자자이기
때문이었을 것이다.

다윈은 평생 직업을 가진 적이 없었지만, 경제적으로
곤궁한 적도 없었다.

물려받은 유산과 에마의 지참금을 투자하여 거기서
나오는 배당금과 이자 소득으로 생활을 꾸려 나갔다.

열 명의 아이들과 큰 집을 건사하고, 수십 명의 고용인
들의 월급을 주고 사회적 품위 유지도 하기 위해서는
적지 않은 돈이 필요했다. 다윈은 끊임없이 새로운
투자처를 물색했고, 그의 투자는 대부분 성공했다.
그는 분산투자에 능했고, 이는 다양성을
기반으로 한 진화 개념을 만드는 데 영향을 미쳤다.

'생태계의 빈자리'를 이용하기 위해서는
동일 공간 내에서의 빈자리를 찾아내는 것도 좋지만,
공간적인 분리도 중요해.

사람들은 거주 공간이 부족해지면 집의 층수를 높여서 기존에는 이용하지 못했던 공간을 새롭게 활용하기도 하지만, 무한정 층수를 높이지는 않아.

이럴 때는 아직 공간적 여유가 있는 지역으로 이사하는 것을 고려할 거야.

전 세계적으로 식생 분포를 보면 뚝 떨어져 있는 대륙들에서 서로 비슷한 동식물이 자라는 경우를 흔히 볼 수 있어.

남태평양의 호주 대륙에서 자라는 식물을 남아프리카의 외딴섬에서도 발견할 수 있었지.

도대체 식물들이 어떻게 그 넓은 바다를 건너갔을까?

사람들은 미지의 대륙 '아틀란티스'를 그 이유로 말하지만, 난 아틀란티스 대륙의 존재를 믿지 않아.

분명히 훨씬 더 간단하고 단순한 방법이 있을 거야.

씨앗이나 알이 해류나 바람을 타고 머나먼 곳으로 퍼져 나간 것은 아닐까?

짜디짠 바닷물 속에서 표류하던
씨앗들이 새로운 곳에서
싹을 틔울 수 있을까?

1855년, 다윈은 '소금물 발아' 실험으로 자신의 생각을 검증하기로 했다. 방법은 소금물 병에 몇 종류의 씨앗을 넣고 1주, 2주, 40일, 5개월 동안 둔 뒤 심어 보는 것이다.
1주
2주
40일
5개월

벽난로 선반 위, 정원, 눈 속…
1주
2주
40일
다양한 조건하에서 실험이 진행되었다.

1주 뒤
일단 1주 동안
있던 걸 심는다.

다시 며칠 뒤
오~!
싹 났다.

다시 2주 뒤
오오~! 2주
지난 것도
싹을 틔웠어!

다윈의 소금물 발아 실험은
후커의 조언을 받으면서 점점
규모가 커졌다.
와글
와글

씨앗을 많이 모아 오면
그때마다 6펜스 백동화와
바꿔 주겠어요.
목사 친구 헨슬로는 교구의
학생들까지 동원해 다윈을 도왔다.

이 씨앗을 램스게이트로 보내
바닷물에 장기간 담가 두도록
해 주세요.

… 소금물에 들어간 지
일주일이면 모조리
죽어 버릴 것이라는…

저명한 식물학자의 예상을
깨고 당근, 셀러리, 양파 등의
씨앗은 모두 싹을 틔웠다.

… 소금물에 절여진 지 40일이 지난
씨앗은 물론, 고추씨의 경우는 무려
다섯 달을 차가운 소금물에 담겨
있었는데도 발아하는 데 성공했다…

대서양의 해류가 1일당 33해리● 를 흘러간다면,
40일 동안 2,400km를 이동할 수 있으므로 대륙의 씨앗이
해류를 타고 대서양 한가운데 있는 섬까지 도달하는 것도
충분히 가능하다!
지익

씨앗이 이주 가능하다고 가정할 때,
이렇게 이주한 씨앗은 어떻게 기존의
생태계 거주자들의 텃세를 이겨 내고
생존할 수 있었을까?

● 1해리=위도의 1/45=1.852km, 33해리씩 40일이면 1.852x33x40=약 2,400km이다.

섬의 식생은 비교적 단조로우므로 외부에서 온 씨앗들은 비슷한 생태적 지위를 차지하는 경쟁자가 없다는 엄청난 이점을 살려 폭발적으로 번식할 수 있다.

물론 일부는 기존의 거주자들 틈바구니와 변화된 환경 조건에서 살아남기 위해서 조금씩 변이를 일으키기도 한다.

갈라파고스 제도에서 발견한 거북이와 핀치들이 그랬다.
갈라파고스 제도의 여러 섬에서는 모두 거북이와 핀치가 살고 있었지만, 이들은 각각 조금씩 모양이 달랐다.

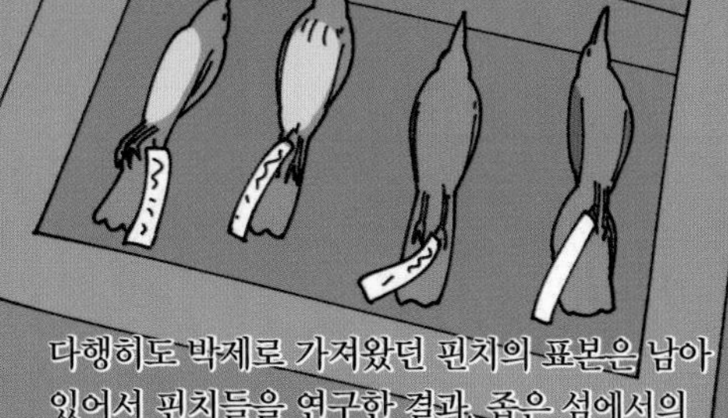
거북은 비글호의 긴 항해 도중 모조리 잡아먹어 이 사실을 확인할 표본이 거의 남아 있지 않아 안타깝지만,
다행히도 박제로 가져왔던 핀치의 표본은 남아 있어서 핀치들을 연구한 결과, 좁은 섬에서의 극심한 경쟁을 완화시키고자 주변 섬으로 이주했다는 것을 알 수 있었다.

섬의 다른 식생에 적응하고 먹이를 두고 벌이는 경쟁을 완화시키기 위해서 각각의 섬에 맞게 새로운 먹잇감을 섭취하는 방식으로 변이가 일어났다!

그 결과 하나의 원형에서 시작한 핀치는 먹잇감을 잡는 데 가장 효율적인 부리 구조를 가진 10종이 넘는 핀치들로 분화되었을 거야.

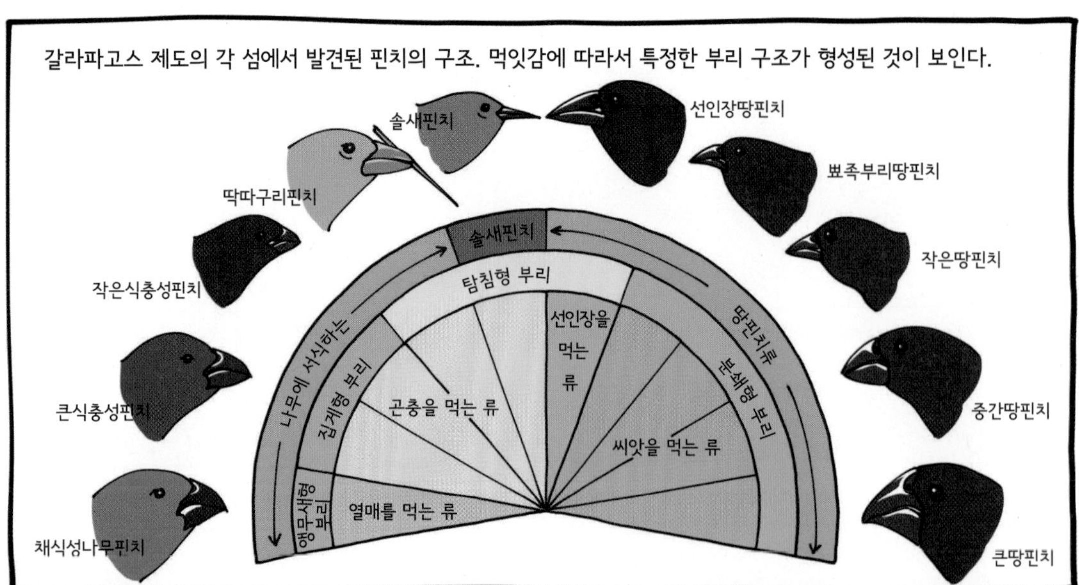
갈라파고스 제도의 각 섬에서 발견된 핀치의 구조. 먹잇감에 따라서 특정한 부리 구조가 형성된 것이 보인다.
솔새핀치
선인장땅핀치
딱따구리핀치
뾰족부리땅핀치
작은식충성핀치
작은땅핀치
큰식충성핀치
중간땅핀치
채식성나무핀치
큰땅핀치
솔새핀치
탐침형 부리
나무에 서식하는
땅핀치류
집게형 부리
분쇄형 부리
앵무새형 부리
곤충을 먹는 류
선인장을 먹는 류
씨앗을 먹는 류
열매를 먹는 류

과학이 다른 학문과 구별되는 가장 큰 차이점은 '증명'이라 할 수 있다.

우리는 어떤 가정에 대해 논리적 추론을 통해 가능성을 타진할 수 있다.

하지만 추론은 실험, 관찰, 재현, 분석을 통해 사실로 증명되어야 인정받을 수 있다.

다윈은 생물체의 변이들이 점진적으로 일어난다고 생각했으며, 특정 변이들이 누적해서 선택되면서 점점 더 뚜렷하게 드러나고, 그것이 결국 종을 구별 짓는 확실한 형질로 이어진다고 생각했다.

집에 커다란 새장을 만들고 다양한 품종의 비둘기들을 키우고 교배하면서 자신의 이론을 증명해 나갔다.

다운하우스 정원에 마련한 비둘기 집은 처음에는
공작 비둘기와 파우터 종 한 쌍으로 시작했지만
얼마 가지 않아 어엿한 동물원의 조류 사육장
만큼 방대한 규모로 확대되었다.

육종가들은 머리 색이 약간 검거나
가슴 털이 조금 더 복슬복슬한 새끼들을
골라 누적 교배시켜…
여러 세대 후에 머리가 까만 비둘기나
가슴에 목도리 같은 털이 있는 변종을
만들어 냈어.

그런 비둘기의 변종을 만들어 낸 것이
육종가의 손이었다면, 자연에서의 변종은
'생존 가능성의 상승'이라는
자연의 손에 의한 것이지.

1856년 5월,
라이엘의 집

앨프리드 러셀
윌리스?[1]

조류, 곤충류 표본을
만들어 팔기 위해
보르네오 섬을 여행하면서
쓴 논문이라….

응?!!
이럴 수가?!!

얼른 찰스에게
이 논문을
보라고 해야겠군.

….
….

자네, 그 연구를 서둘러 발표하는 게 좋을 듯싶네.

네?! 다른 사람도 아니고 라이엘 선생님이 먼저 그런 말씀을?●

윌리스의 논문 내용이 자네 생각과 비슷해.

더구나 아주 손색이 없는 주장이었어요.
에드워드 자네마저!?

품종 개량된 종들이 새로운 변종들로 이어진다는 논리를 전개했지만, 오언의 창조론과 다를 바가 없지 않나요?
새로울 게 없는데….

찰스, 우선권 확보가 시급하다는 것을 잊지 말게나.

….

알겠습니다.
이후 한 세기 반이 넘는 기나긴 세월 동안 수많은 논쟁을 불러일으킨 《종의 기원》은 이렇게 시작되었다.●

● 라이엘은 지금껏 종이 변한다는 개념을 받아들이는 것을 거부했다.
● 다윈이 처음 이 책에 붙인 제목은 '자연 선택'이었다.

다윈은 20여 년간 끄적거렸던 노트들을 꺼냈다.
이걸 언제 다 정리하나

다윈의 작업은 느리지만 꾸준히 이어졌고, 책을 쓰는 와중에도 새로운 증거 확보를 게을리하지 않았다.

건강 문제로 다운하우스에 갇혀 지내다시피 하는 그에게는 자신의 가설을 증명할 증거들을 찾아 줄 사람이 필요했다.

다윈은 월리스를 증거 수집자로 활용했고, 그를 격려하며 관계를 맺기 시작했다.

월리스는 적격자였다. 형편이 넉넉지 못해 부유한 사람들에게 희귀한 곤충 표본들을 판매하면서 생계를 이어 왔던 그에게 다윈은 좋은 구매자이자 훌륭한 지원자였다.

특히 그는 인도네시아 오지의 밀림에 있었으므로 다윈이 접해 본 적 없는 희귀한 표본들을 보낼 수 있었고, 다윈은 이에 더없이 만족했다.

… 당신이 보낸 극동 아시아에 서식하는 새들의 박제는 더없이 훌륭합니다.
이런 증거들을 바탕으로 이론을 세워야 합니다.
추론과 이론이 없으면 아무리 훌륭한 증거와 관찰도 소용이 없기 때문입니다 ….●

● 이런 말을 했다는 것 자체가 이때까지만 하더라도 다윈이 월리스를 경쟁자나 동료 연구자로 생각하지 않았다는 의미가 된다. 다윈은 이미 20여 년간의 연구 결과를 가지고 있었고, 막연히 자신이 그보다 훨씬 앞서 있다고 믿었으며, 선배가 후배에게 할 수 있을 법한 조언을 해 준 것뿐이었다. 훗날 다윈은 이 조언 때문에 뒤통수를 맞는 듯한 경험을 했다.

다윈은 동물들의 이계(異系) 교배가 생존 경쟁에서 우위라는 개념을 증거를 토대로 정교하게 다듬고 있었다.

자웅 동체이면서도 벌과 나비를 이용해 타화 수분을 유도하는 식물들이 있다.
자웅 동체이면서도 짝짓기를 해서 알과 정자를 교환하는 해파리와 지렁이와 달팽이도 있다.

자웅 동체는 번식이라는 측면에서는 훨씬 편리하고 에너지 소모도 적다. 짝을 찾기 위해 애쓸 필요도 없고….
주변 환경이 가장 적절할 때를 골라서 번식할 수도 있으니까. 하지만 무성 생식으로 번식하면 항상 똑같은 개체만 태어난다.

이럴 경우 환경이 갑자기 변해 버리면 모두 동일한 특성을 지니기에 한꺼번에 몰살당할 위험이 있다.

하지만 이계 교배를 한다면 자손들은 조금이라도 다르게 태어날 가능성이 크고, 짝짓기 상대가 달라지면 또 다른 자손을 낳을 수 있어 환경이 달라져도 그중 몇몇은 살아남을 가능성이 있다.
즉

동계 번식보다는
이계 교배가 생존에
유리하다.

다윈은 이 부분을 쓰면서 몇 번이나 망설였다.
엄격하고 정숙함이 요구되던 빅토리아
시대에서 차마 입에 담기도 꺼려지는
동식물의 난잡한 성생활에 대해 묘사해야
해서가 아니었다.●

내가 바로 동계 번식의
산물이다!

다윈가와 웨지우드가는
나와 에마를 포함해
총 여덟 명의 사촌들이
네 가족을 이루어
복잡한 근친 가계를
이뤘다.

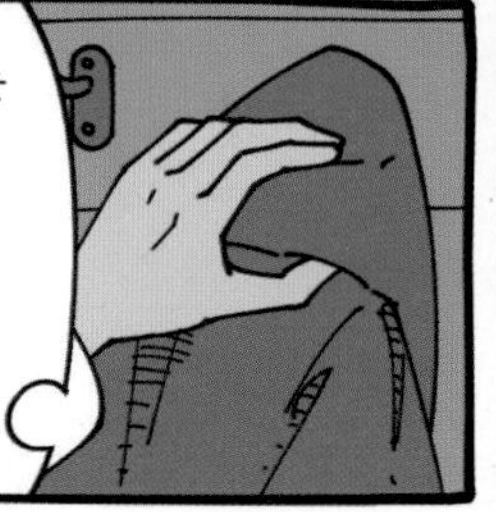

나머지 아이들도 문제가 있어.
조지는 아프고,
에티는 아이답지 않게 맥없이
늘어져 있는 시간이 더 많아.

생물학적으로
근친 가계는
위험성을 내포해.
그래서 이미
두 명의 아이를
잃었어.

리지는 사람들과 어울리지를
못했고, 갓난아기 찰스 워링은
장애를 가지고 태어났어.●

그리고 애니…. 이름만 들어도
눈물이 날 것 같은 애니는 나처럼
구토와 메스꺼움, 위통에
시달리다가 죽었어.

혹시….

● 빅토리아 시대는 피아노의 다리가 보이는 것도 남사스럽다 하여 피아노 다리에도 덮개를 씌우던 때였다.
● 워링은 이로부터 얼마 못 가 세상을 떠났다.

나의 허약한 체질이 비슷한
핏줄을 가진 에마와 합쳐지면서
증폭되어 아이들에게
전달된 것이 아닐까?
흐…

나와 에마의 결혼은 부유한
사촌끼리의 결합으로
경제적이고 사회적인 자산은
유지할 수 있었지.

하지만 그 대가가
'허약한 체질'을 물려받은
건강하지 못한 아이들로 나타난
것은 아닌지 정말 두려워.

한편으로 다윈은 이계 교배의 우수함과 근친 교배의 열악함을 설명하는 과정에서 자신과 아이들에게 일어난 불행한 일들을 설명할 수 있게 되어 현실을 받아들이는 일이 전보다 편해졌다.

1858년 3월, 다윈은 23개월이라는 긴 시간 동안 작업한 끝에 《자연 선택》의 초안을 완성했다. 25만 자 분량이었다.

다윈은 원고를 후커에게 보내 '재판관'의 역할을 맡겼고, 답을 기다리면서 퇴고를 거듭했다.

20여 년간 마음에 품고 있던 이야기를 발표하기 직전의 순간이지만, 그의 심경은 무척 복잡했다.

사람들의 비난과 종교계의 반발이 두렵기도 했고,
가족들, 특히 신앙심이 깊은 에마에게 미안한 마음이 들었다.

그러나 《자연 선택》은 세상에 나올 모든 준비가 되었다.

1858년 6월 18일
소포요!

흠, 월리스? 식물 표본인가?

이럴 수가!

….

다윈은 '다른 사람'이 쓴, '자신'의 논문 개요를 받아 본 사람만이 느낄 수 있는 절망에 빠졌다. 누구를 탓할 수도 없었다.

……………………… 당신이 보낸 극동 아시아에 서식하는 새들의 박제는 더없이 훌륭합니다. 이런 증거들을 바탕으로 이론을 세워야 합니다. 추론과 이론이 없으면 아무리 훌륭한 증거와 관찰도 소용이 없기 때문입니다……………

월리스는 내 말대로 했을 뿐이야…. 정말로 해내다니….

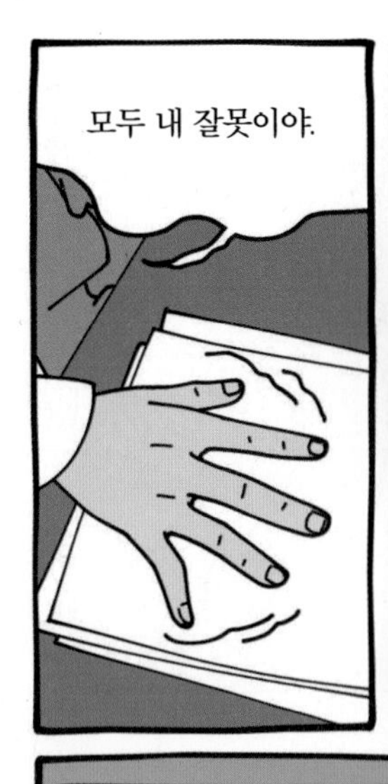
모두 내 잘못이야.

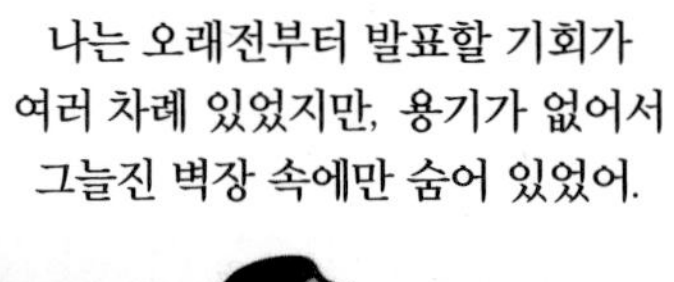
나는 오래전부터 발표할 기회가 여러 차례 있었지만, 용기가 없어서 그늘진 벽장 속에만 숨어 있었어.

열대 우림 속에서 태양빛을 받고 젊은 경쟁자가 훌쩍 자라고 있는 것도 모른 채 말이야.●

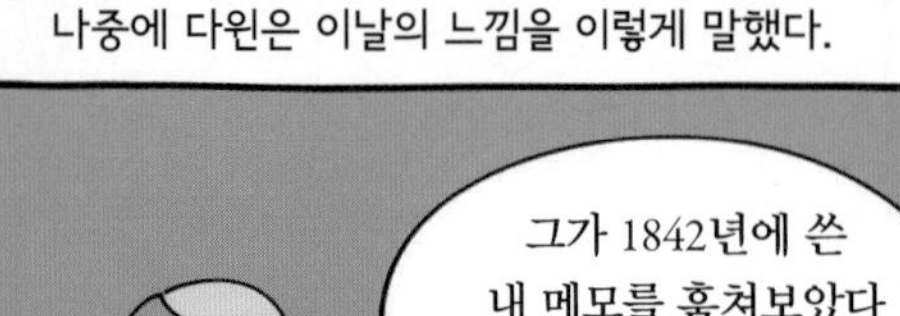
나중에 다윈은 이날의 느낌을 이렇게 말했다.
그가 1842년에 쓴 내 메모를 훔쳐보았다 해도 이보다 더 잘 쓸 수는 없었을 거야.

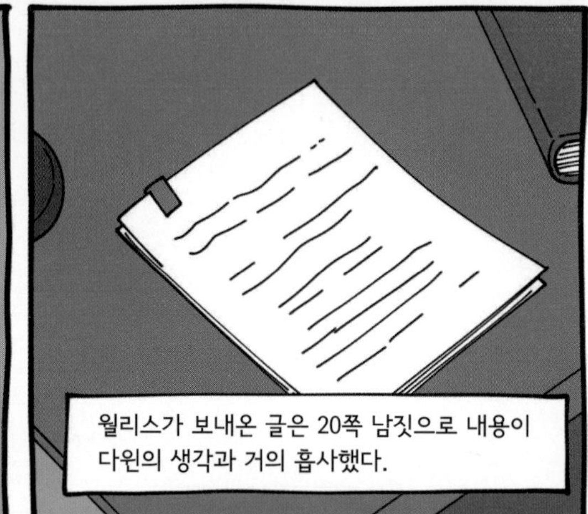
월리스가 보내온 글은 20쪽 남짓으로 내용이 다윈의 생각과 거의 흡사했다.

다윈이 보기에 월리스는 종의 변이와 그에 따른 생물학적 다양성의 중요성을 깨닫고 있었다.
하지만 만약 월리스가 짧은 개요 대신 전작을 다 보냈다면 다윈은 그렇게까지 놀라지 않았을 것이다.

월리스가 그 결과를 이끌어 낸 배경과 추론 과정은 완전히 달랐기 때문이다. 과정이 달라도 결과가 비슷하게 나오는 경우는 많다.
당황해서 갈피를 못 잡고 있는 다윈 대신 친구들이 나섰다.

● 월리스의 논문 〈원종으로부터 영구적으로 분리라는 변종의 경향성에 대하여(On the Tendency of varieties to Depart Indenfinitely from the Original Type)〉.

월리스의 논문이 먼저
발표된다면 선생님의 연구는
아류작이 되고 말 겁니다.

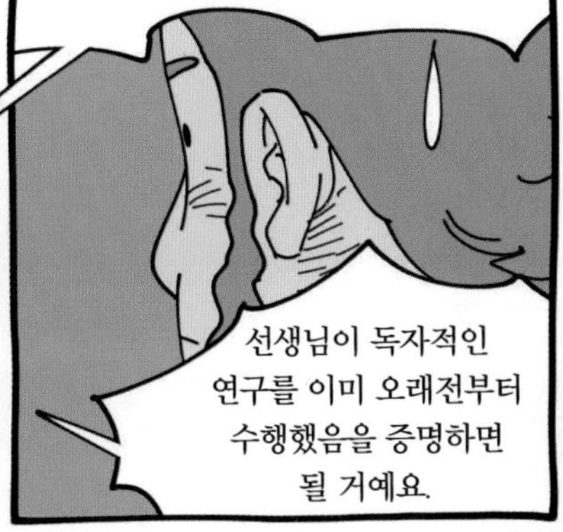

이미 10여 년 전부터 종의 변이와
다양성에 대해 선생님이 저에게 보냈던
편지들을 증거로 내세워서,
선생님이 독자적인
연구를 이미 오래전부터
수행했음을 증명하면
될 거예요.

두 사람이 공동으로
종의 변이에 대한 논문을
발표하는 것이 좋겠어.

야호!
월리스는 라이엘의 제안에
즉시 동의했다.

내가 다윈 선생님과 같이
논문을 발표하다니….
이런 영광이….

다윈 역시 마지못해
동의했다.
하는 수
없지요.

1858년 7월 1일, 영국의
린네학회• 학술 대회

– 찰스 다윈
– 앨프리드 러셀 월리스
<자연 선택을 통한 생물 진화에
관한 이론>은 다윈과 월리스 두 사람
이름으로 발표되었다.

토마스 벨[2]은 불편한
기색을 보였다.

• **린네학회(Linnean Society of London)** 스웨덴의 식물학자이자 분류학의 아버지로 불리는 칼 폰 린네(Carl von Linné, 1707~1778)의 이름을 따서 1788년 영국 식물학자 제임스 스미스(Sir James E. Smith, 1759~1828)가 창립한 학회.

하지만 나머지 회원들은 후커와 라이엘이 종 변형 이론에 대해 아무런 토를 달지 않는 것을 보고 입을 다물었다.

수없이 많은 비난과 공격이 나올 것이라 예상했던 것에 비하면 허무한 발표였다. 하지만 다윈은 그런 허무함을 느낄 여유조차 없었다.
태어날 때부터 장애가 있었던 막내 아들 찰스 워링이 성홍열을 앓다가 세상을 떠났는데, 학술 대회 날이 장례식이었기 때문이다.

아침에 어린 아들을 땅에 묻고 오후에 자신을 비난할 사람들로 가득한 학회장에 들어선 다윈의 기분이 어땠을지 짐작하기 어렵다.

거의 침묵에 가까웠던 그날의 허무하고 썰렁했던 발표장의 분위기는 다윈의 예민한 마음을 고려해 보면 오히려 다행한 일이었다.
….

주사위는 던져졌다. 더 이상 미룰 수 없었다. 다윈은 월리스로부터 책을 집필하는 전권을 위임받아 집필에 몰두했다.
하지만 다윈의 꼼꼼한 성격과 계속 나빠지는 건강으로 일의 진행은 더뎠다.

그가 얼마나 교정을 보았는지, 책을 출간하기로 한 인쇄업자 존 머리는 수정 비용 때문에 골머리를 앓았다.●

● 당시는 인쇄하기 위해 활자 조판 작업을 해야 했기에 수정 사항이 생기면 인쇄판을 다시 제작해야 했다.

'자연 선택'이라….
이 제목으로는 수지 맞추기가
힘들겠는걸.

다윈 선생님, 책 제목을
'자연 선택에 의한 종과
변종의 기원에 관하여'라고
바꾸는 게 어떨까요?

괜찮긴 한데, 좀 길군요.
그냥 '종과 변종의 기원
에 대하여'로 합시다.

1859년 11월 22일, 드디어 《종의 기원》이 세상에
첫선을 보였다.
진한 초록색 표지로 양장된 초판본 1,250부는
판매가 시작되기도 전에 전량 예약 매진되었고,
인쇄업자는 쾌재를 부르며 2쇄 인쇄에 들어갔다.

ORIGIN
OF
SPECIES
《종의 기원》 초판본●

이 책만큼 진리에 가까운 것은 없소.
나는 이 책에 반대하는 자들을
개에 비유할 것이며, 그 멍청하게
짖어 대는 개들을 때려 잡기 위해
기꺼이 나설 것이오!
토머스 헉슬리

이 책은 종의 형성 방식에 대해
설명한 많은 책 중에서 가장
설명이 잘된 책임에 틀림없어요.
리처드 오언
하지만 난 아직도 종 변형론이
인간을 야만화한다는 의구심을
버릴 수 없습니다. 종은 변형된
것이 아니라 창조된 것입니다.

《종의 기원》을 둘러싼
다양한 반응이 물밀 듯이
쏟아져 나왔다.

● 《종의 기원》 초판본은 단 1,250권밖에 발간되지 않았다. 발매 당시 가격은 15실링(0.75파운드)였지만, 그중 한 권이 2009년 열린 경매에서 10만 파운드(한화 2억 원)에 낙찰되었다.

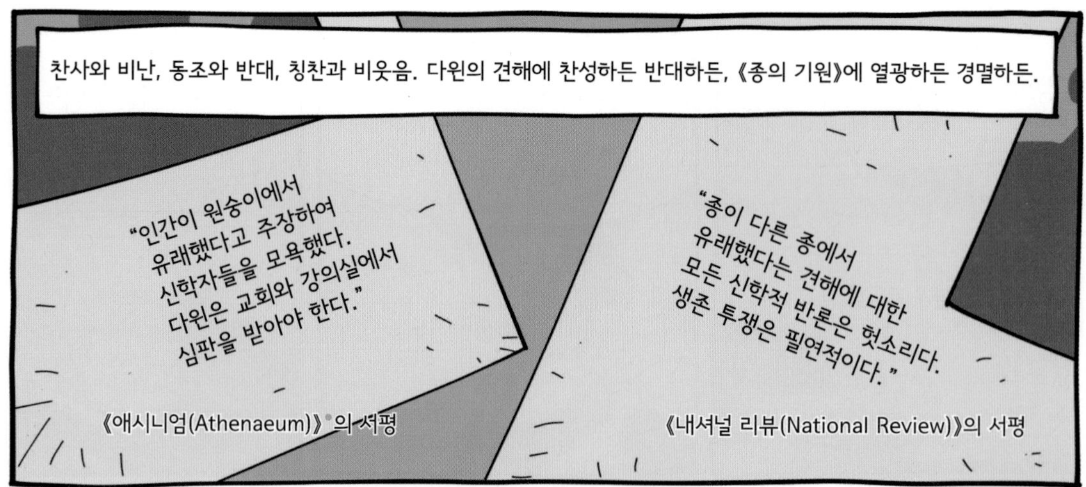
찬사와 비난, 동조와 반대, 칭찬과 비웃음. 다윈의 견해에 찬성하든 반대하든, 《종의 기원》에 열광하든 경멸하든.
"인간이 원숭이에서 유래했다고 주장하여 신학자들을 모욕했다. 다윈은 교회와 강의실에서 심판을 받아야 한다."
《애시니엄(Athenaeum)》•의 서평
"종이 다른 종에서 유래했다는 견해에 대한 모든 신학적 반론은 헛소리다. 생존 투쟁은 필연적이다."
《내셔널 리뷰(National Review)》의 서평

그에게 수여하기로 한 기사 작위를 없던 일로 하겠소.
국교회의 고위층 성직자

1860년 6월 30일
옥스퍼드에서 열린 영국과학진흥협회 분과회의

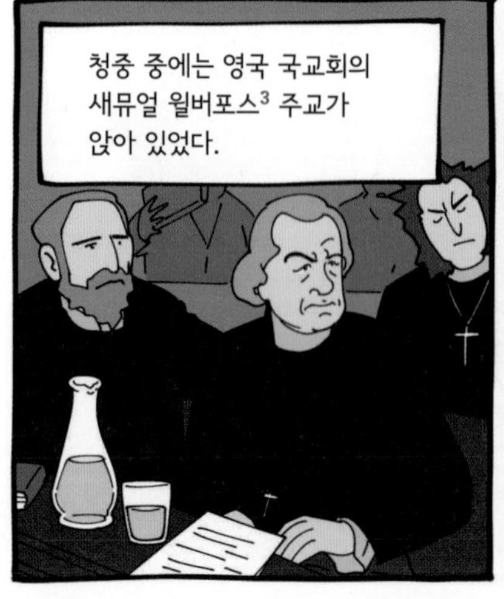
청중 중에는 영국 국교회의 새뮤얼 윌버포스3 주교가 앉아 있었다.

의장은 헨슬로였다.
뉴욕 대학의 존 윌리엄 드레이퍼4 교수가 나와서 다윈의 진화에 대한 개념을 인간 사회와 연결시켜 발표하겠습니다.

• 《애시니엄(Athenaeum)》 1828년에 창간된 문학 잡지로, 영국의 지식인이라면 반드시 읽던 정기 간행물이다.

다윈주의 가설에 따른 문명화가 어떻게 전개 되는지 설명 하겠습니다.

그의 발표는 매우 지루했지만 청중은 자리를 뜨지 않았다. 사람들의 시선은 윌버포스 주교에게로 쏠리고 있었다.

드디어 주교가 발언을 시작했다. '미꾸라지 샘(soapy sam)'이라는 별명답게 달변가인 윌버포스 주교는 드레이퍼 교수의 말을 조목조목 반박했다.
사전에 리처드 오언에게서 코치를 받았기에 그의 말은 매우 논리 정연했다.

그가 거기서 멈췄다면 사람들은 이 논쟁의 승리자를 윌버포스로 기억했을 것이다.

하지만 그는 멈추지 않았고, 헉슬리에게 질문을 했다.
헉슬리 선생, 원숭이는 당신의 할아버지 쪽 조상이요, 아니면 할머니 쪽 조상이요?

훗

나는 뛰어난 지성과 엄청난 영향력을 가지고 과학 토론에서 헛소리나 지껄여 대는 인간을 할아버지로 두느니, 차라리 원숭이가 할아버지인 편이 낫다고 생각합니다!!

헉슬리의 이 말에 금세 아수라장이 되었다.
웅성
웅성
부인, 정신 차리세요!

한편, 이 회의에는 정부의 기상국장 자격으로 논문을 발표하기 위해 비글호의 함장 피츠로이가 청중석에 있었다.
….

헉슬리 교수! 나는 당신이 무슨 말을 하고 있는지 이해할 수가 없소! 다윈 씨의 책도 마찬가지오!

여러분! 신의 말을 믿으시오. 인간의 말을 믿지 말고!

….

의장님, 발언하겠습니다.
후커 씨, 앞으로 나와 주세요.

험…

큐 식물원의
조지프 달턴 후커입니다.
윌버포스 주교님의 연설은
잘 들었습니다.
하지만 주교님이
식물에 관해 말씀하실 때,
책을 전혀 읽지 않았음을
알아챘습니다.

저 역시 신이 모든 세상사를 주관한다는
믿음을 오래 간직해 왔던 사람입니다.
그런데 다윈 선생의 이론은 제 전문 연구 분야인
식물은 물론, 자연에서 수집한 많은 현상을
거의 완벽하게 설명하고 있습니다.

저야말로 20년 세월이 흐르는 동안
점점 변해서 다윈 선생의 역작
《종의 기원》을 지지하지 않을 수 없게
되었습니다.

….
….

이론을 두고 찬반 격론이 오가는
이곳에 정작 다윈은 없었다.
아마 윌버포스도 헉슬리 대신
다윈에게 묻고 싶었을 것이다.

다윈은 다운하우스에 틀어박혀 위통에 시달리고 있었다.
하지만 그의 성격상 위통이 없었다 한들 이런 곳에 나올 용기는
내지 못했을 테지만….
어쨌든 이날 최종적으로 승리한 사람은 다윈이었다.

Darwin Theory of Evolution

9

진화론자들의 대담한 만남

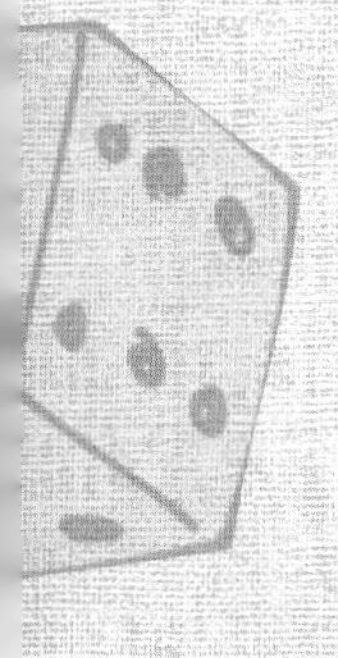

1860년 3월
이 책이오?

자칭 '그리스도에 대항하는 7인'이라는 작자들이 썼다는 책이?

다른 어중이떠중이는 몰라도 옥스퍼드와 국교회에서 녹을 먹는 자들은 엄중히 문책해야 할 거요!

어떻게 기적을 믿는 것을 무신론적 행위라고 주장할 수 있단 말이오!

성서도 다른 고전 문헌과 마찬가지로 실증적으로 다뤄져야 한다는 위험한 발언을 한 자도 있다네.

툭
ESSAYS REVIEWS
말세야, 말세!

실제로 《소론과 평론(Essays and Reviews)》을 펴낸 '그리스도에 대항하는 7인' 중에는 국교회 성직자도 포함되어 있었다.

《소론과 평론》•은 엄청나게 팔려 나갔고 많은 이의 분노를 불러일으켰다.
《소론과 평론》에 관한 내용의 책들이 약 400여 종이나 쏟아져 나와 학계뿐 아니라 사회 전체가 들끓었다.

《소론과 평론》은 그동안 미루어 왔던 각종 의구심에 대한 호기심에 불을 지피는 도화선 같은 역할을 했다.

• **《소론과 평론(Essays and Reviews, 1860)》** 2년 만에 2만 2,000부가 팔릴 정도로 폭발적인 인기를 끌었다. 저자 중 한 명이었던 베이든 파월은 이 책에 《종의 기원》에 대해 '다윈 씨의 걸작'이라고 극찬하는 추천의 말을 넣기도 했다.

부실하게 쓴 부분은 빼고
내용을 다시 정리할 필요가 있어.

육종으로 밝혀낸 증거들을
정리한 글을 써야겠어.
그러려면 가금류를 직접
품종 개량해 봐야겠지?

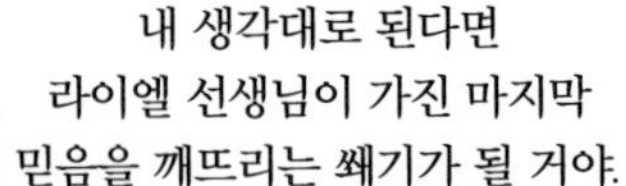
내 생각대로 된다면
라이엘 선생님이 가진 마지막
믿음을 깨뜨리는 쐐기가 될 거야.

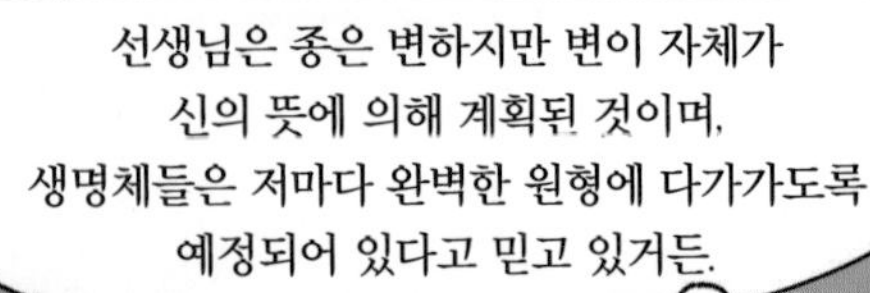
선생님은 종은 변하지만 변이 자체가
신의 뜻에 의해 계획된 것이며,
생명체들은 저마다 완벽한 원형에 다가가도록
예정되어 있다고 믿고 있거든.

완전히 자신의 편이 된 후커는 다윈의 은사였던
헨슬로의 딸 프랜시스와 결혼해 한 가족이나
마찬가지인 사람이 되었고, 헉슬리 부부는 자주
다운하우스를 찾아왔다.
다윈은 평화로운 일상을 보냈다.

반면 그의 엄청난 이론은 헉슬리와
후커의 '펌프질'이 더해져 온 세상을
뒤흔들었다.

헉슬리는 애초부터 싸움닭의 면모가
강했는데, 큰아들 노엘이 성홍열로 죽고
나자 더욱 거칠게 변했다.
헉슬리는 《자연사 연보》를 재창간하여 오언 같은 반대파를
신랄하게 비판하는가 하면, 노동자와 상인에게 강의를
하면서 학계 외부로 진화론을 알리는 데 앞장섰다.

1861년 봄

1856년에 독일의 뒤셀도르프 근처 네안데르 계곡에서 인류의 화석이 출토되었습니다.

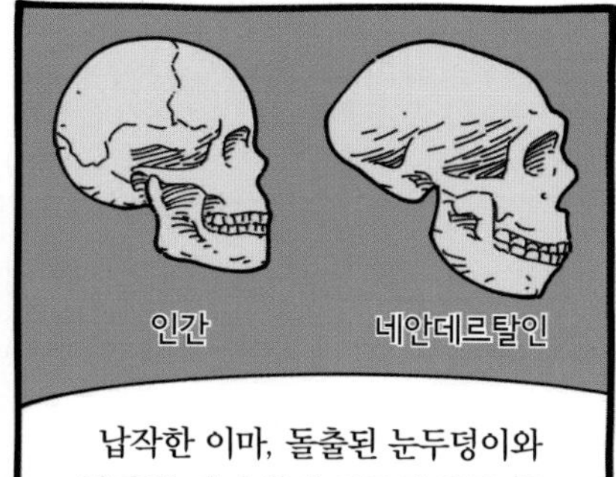
인간
네안데르탈인
납작한 이마, 돌출된 눈두덩이와 발달한 턱이 현대 인류의 얼굴과는 사뭇 달랐습니다.

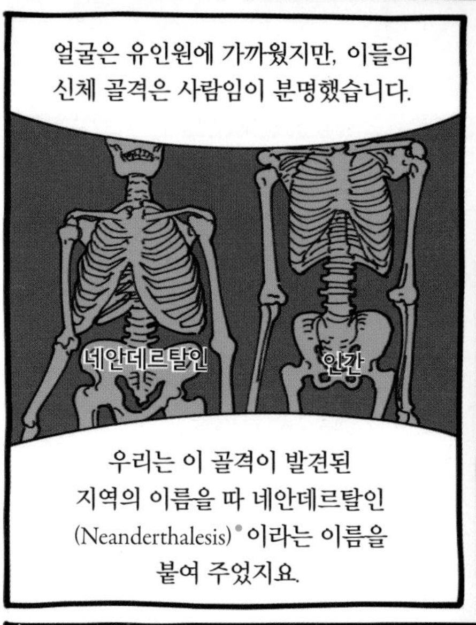
얼굴은 유인원에 가까웠지만, 이들의 신체 골격은 사람임이 분명했습니다.
네안데르탈인
인간
우리는 이 골격이 발견된 지역의 이름을 따 네안데르탈인(Neanderthalesis)* 이라는 이름을 붙여 주었지요.

인류 역시도 다양한 아종이 존재했던 것입니다.
태초의 모습에서 변이를 거듭해 현재 상태에 이르렀다는 것이지요. 따라서 진화론이 옳습니다.

마치 인류의 복제본과 같은 이 화석을 보고 있노라면 누구라도 부정할 수 없는 추론을 하게 되어 큰 충격을 받게 됩니다.
그것은 인간이 이성도 지성도 없는 동물에서 유래했을 것이라는 추론입니다.

하지만 이 추론이 거부할 수 없는 진실이라고 해도 그것이 곧 인간이 짐승 그 자체임을 의미하는 것은 아닙니다.
인간의 기원은 하등하지만 인간이 점차적으로 자신을 개선해 온 능력은 대단한 것입니다.

* **네안데르탈인(Homo neanderthalensis)** 호모속에 속하는 또 다른 인종 중 하나로, 2만~4만 년 전에 멸종했다. 네안데르탈인이 진화해 현재의 인류가 된 것이 아니라, 현대 인류의 조상인 호모 사피엔스와 동시대에 존재했던 다른 인종이다.

다윈은 점점 심해지는 구토 증세로 공공장소에는 거의 몸을 드러내지 않고 다운하우스의 서재에 묻혀 편지로 세상과 교류했다.

논쟁에 휘말려 불필요한 에너지를 소모하느니 차라리 그 시간에 종 변형을 증명하는 다른 증거를 찾고 정리하는 것이 자신의 몫이라고 생각했다.

일종의 '분업'이었는데, 상대의 논리적 허점을 찾아내고 이를 잔인하게 난도질하는 역할은 헉슬리 담당이었고,

그가 헤집어 놓은 진영에 논리와 증거로 쐐기를 박는 역할은 후커와 러벅[1]의 몫이었다.

《종의 기원》의 외국어 번역은 영어와 독일어를 비롯해 5개국어에 능통한 아내 에마가 든든한 지원군이 되어 주었다.

다윈은 인간의 조상이 유인원과 동급이라는 사실이 자칫 '인간도 동물과 동일하게 행동하는 것이 자연스럽다'고 여길 수 있는 오해를 푸는 일에 열중했다.

아마추어 사회주의자였던 월리스가 동물과 사람의 사회적 차이를 이해하는 좋은 실마리를 제시했다.

각자가 사냥하고 열매 따고 아이를 키우는 것보다는 누군가는 사냥에만 전담하고 누군가는 열매만 따고 누군가는 육아에만 전념하는 것이 효율적이에요.

그렇다면 집단 형성과 상호 협력은 필연적일 수밖에 없겠지요.

또 사냥해 온 멧돼지를 기여한 게 없는 병자에게 나눠 주는 것은 내가 병이 들었을 때 보살핌을 받을 수 있다는 신념이 있어야만 가능하겠죠.
상호 협력과 집단 전체의 이익을 위한 내부 경쟁의 억제는 '도덕적'인 자질로 연결되었을 겁니다.

……

따라서 인간 몸은 진화를 멈춘 반면, 말과
글을 이용해서 지식을 전달하고 축적하는 것이
가능해 지능은 계속 발전을 거듭할 수 있었어요.
이 과정에서 사회적 분업으로 습득한 도덕심을
더 정교하게 가다듬는 것이 가능했을 것입니다.

……

월리스의 의견에 다윈도 동의했다. 하지만 그는 다윈보다 한발 더 나아갔다.
자연이 선택한 인간의 도덕성은 계속 발전해 나갈 거예요.

……

결국은 인간의 지적 능력이 모두를 자유롭게 하겠죠.
모든 사람이 평등한 유토피아를 건설하는 데까지
함께 나아갈 것입니다.

다윈은 이 지점에서 월리스와 생각을 같이할 수 없었다.
그건 너무 앞선 생각이야. 동의할 수 없어.

월리스는 사람들 모두가 저마다 서로의 존재를 인정한다면 타인의 존재를 인정할 수밖에 없다고 믿는다.
이런 다양성은 너무 이상적이다.

다윈의 진화론은 유토피아를 가정하지 않았다.
경쟁이란 끊임없이 되풀이되는 거야. 그것이 사라진 유토피아는 자연에서 존재할 수 없어. 설령 인간이라고 할지라도….

1864년 11월 3일,
앨버말가 세인트조지 호텔

이날 헉슬리와 후커 등
9명은 진화론을 지키는
자유주의 지식인 모임을
결성했다. 사람들은
나중에 이들을 'X클럽'이라
불렀다.●

헉슬리

후커

러벅

물리학자 존 틴들2
(John Tyndall,1820~1893)

외과 의사, 동물학자, 고생물학자
조지 버스크3
(George Busk, 1807~1886)

사회학자 허버트 스펜서4
(Herbert Spencer, 1820~1903)

수학자, 지질학자
토머스 아처 허스트5
(Thomas Archer Hirst, 1830~1892)

화학자 에드워드 프랭클랜드
(Edward Frankland, 1825~1899)

수학자, 물리학자
윌리엄 스포티스우드6
(William Spottiswoode, 1825~1883)

최근 국교회의
주교회의는 '39개
신조'로도 모자라
새로운 항목을 추가해서
40번째 신조를 만들어
과학진흥협회에
제출하려고 했습니다.

40번째 신조는
저를 비롯해서
진화론을 지지하는
협회 회원들을
겨냥한
행동이었습니다.

● 처음에는 젊고 급진적인 9명의 치기 어린 과학자들이 진화론을 수호하는 비밀 결사대로 시작했지만, 이후에는 영국왕립학회 내부로 진출해서 왕립학회의 회장 인사를 좌우할 만큼 힘을 갖게 된다. 다윈의 진화론을 지지했고, 그를 옹호하는 든든한 버팀목이 되어 주었다.

그들의 신앙이 신의 말씀이나 신의 창조물과 조화를 이루고 있다는 선언은 말도 안 됩니다.

우리는 끝까지 진화론을 지지하고 지키기 위해 이 자리에 모였습니다. 자연을 신학으로부터 해방시키고…
과학을 귀족의 놀잇감으로부터 해방시켜 지적 엘리트 집단이 우리 사회와 문화를 이끌어 가도록 하는 것이 우리의 사명입니다!●

39개 신조의 기반이 허물어지는 것을 막으려는 발버둥이라 할 수 있지요.

우리가 제일 먼저 할 일은 왕립학회가 수여하는 '코플리 메달'●을 다윈 선생이 받도록 하는 것입니다.
그렇게 되면 진화론에 대해 국교회가 터무니없는 책동을 더는 저지르지 못할 것입니다.

1864년 코플리 메달은 헉슬리의 말대로 다윈에게 돌아갔다. 왕립학회 내부에서 다윈의 반대 세력들이 맹렬하게 반대했으나, 결국 표결에서 10 대 8로 다윈이 수상자로 선정됐다.

왕립학회 평의회는 지금까지 그가 누구보다 탁월하고 방대한 연구를 수행했으며
독보적인 성과를 이뤘다는 사실을 높이 삽니다.

다만, 평의회가 그의 업적에서 《종의 기원》을 제외했다는 점을 함께 밝히는 바입니다.
뭐라고?!

● **코플리 메달(Copley Medal)** 17세기 유복한 지주로 왕립협회 회원이었던 고드프리 코플리 경이 기부한 기금을 토대로 설립된 상. 1731년부터 수여되었고, 물리학과 생물학 분야의 업적에 대해 수여되는 가장 오래된 상이다.

이의 있습니다!
평의회에서
그런 얘기는
없었습니다.

뭐요?!

확인해 보면
바로 알 수
있겠지요!
평의회 의사록을
가져오시오!!

웅성
웅성

시상식에는
안 가길 잘했군.●
그런 걸 받는다고 해서
달라질 건 없겠지.
내게 진정으로 값진 것은
메달이 아니라,
동료들의 지지와 축하야.

1865년 5월 초
후커가
보낸 편지군.

너무 놀라지 마시길 바랍니다.
1865년 4월 30일 아침에 우울증을
앓던 피츠로이 함장이 목욕탕에서
면도칼로 자살을 했습니다.
이럴 수가!

피츠로이의 자살 원인에는
재정적 문제, 해군에서의
승진 누락, 과로 등 여러 가지가
있었는데 다윈도 그중 하나였다.
내 잘못도
있어!

● 다윈은 1851년 애니의 죽음 이후 걸리 박사의 물 치료를 예전처럼 받을 수 없었다. 반드시 그것 때문은 아니었지만, 그의 구토 발작 증세는 점점 더 악화되어 어떤 때는 하루 24시간 지속되기도 하고, 1860년 이후로는 몇 달씩 이어지기도 했다. 그런 상태였던 탓에 그는 왕립학회 시상식이 었음에도 참석할 수 없었다.

독실한 신앙심을 가졌던 군인 피츠로이는 자신과 함께 여행했던 '젊은 철학자 선생'이 자신의 배에서 그런 불경한 생각을 떠올렸다는 사실에 늘 분노하고 괴로워했다.

다윈은 피츠로이의 자살을 무척 괴로워했고, 때문에 몸의 상태가 매우 나빠졌다.

얼음주머니를 허리 쪽에 차고 지내시오. 열을 내려서 몸을 편안하게 해줄 겁니다.

채프먼[7] 박사의 얼음주머니 덕분에 다시 글을 쓸 기력을 되찾았어. 제발 효과가 오래 지속되면 좋겠군.

《종의 기원》에서 자연에서의 변이는 점진적으로 조금씩 일어나지만, 각각의 변이는 어미로부터 자손으로 대물림되며 축적된다고 했다.
갑작스레 출현하는 돌연변이보다는 아주 작은 변이들에 주목해야 해. 이는 이미 라이엘 선생도 지층의 변화 과정을 설명하면서 제시했던 개념이야.

라이엘 선생은 과거 지층 사이에서 일어났던 아주 작은 변화들이 오랜 세월 쌓이면서 커다란 변화로 이어졌다고 주장했지. 이것은 퀴비에의 격변설과는 대립되는 주장이야.

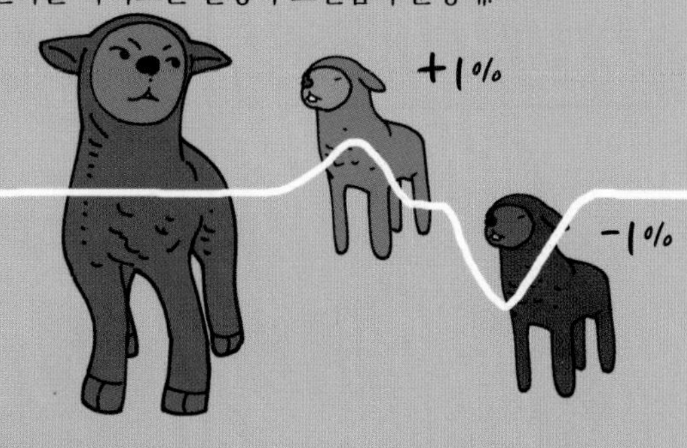
양적 변이(quantitative variation)● 의 연속적인 대물림이 종의 변화를 가져오는 결정적 요인임이 분명해.
+1%
-1%
같은 어미에게서 태어난 많은 회색 양들 중에는 분명히 어미보다 털색이 1% 밝거나 1% 어두운 개체들이 존재할 거야.

● **양적 변이** 사람의 키나 동물의 털색처럼 자연 상태에서 일정한 범위 내에는 있으나 그 사이에서 다양한 값의 차이가 나타나는 요인들을 말한다.

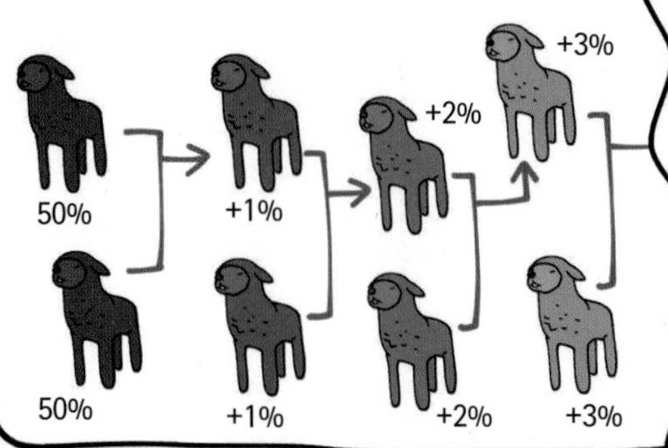
첫 세대에서는 1% 밝거나 어두운 것이 큰 의미는 없을 거야. 그런데 어미보다 1% 더 밝은 털색을 가진 새끼들만 인위적으로 교배시킨다면 어떨까?
50%
50%
+1%
+1%
+2%
+2%
+3%
+3%

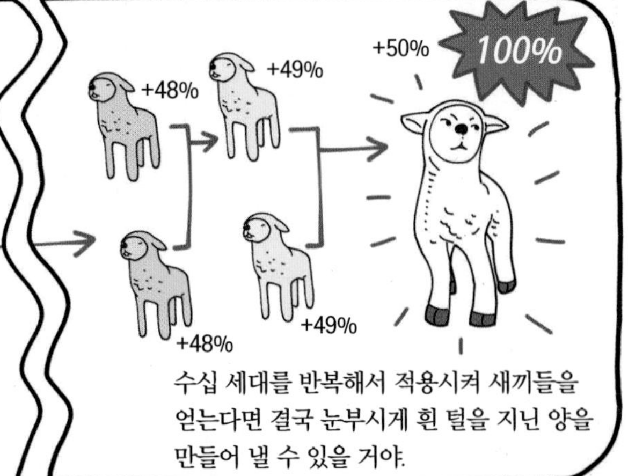
+48%
+48%
+49%
+49%
+50%
100%
수십 세대를 반복해서 적용시켜 새끼들을 얻는다면 결국 눈부시게 흰 털을 지닌 양을 만들어 낼 수 있을 거야.

이 가설이 옳다는 것을 증명하기 위해서는 점신적으로 일어난 변화가 후대에 대물림이 되어야 해.
즉 변이는 점진적으로 일어나지만, 그 결과는 유전되어야 한다는 말이야.
변이는 어떤 형태로 저장되어 자손에게 전해지고, 자손들은 어떻게 이를 유지해서 다시 자신들의 후손에게 전해 주는 걸까?
다윈이 살던 시대는 유전자의 개념이 확립되기 전이었으므로 그의 생각을 과학적으로 설명하고 증명할 방법이 없었다.

이를 논리적으로 설명하기 위해 다윈은 범생설(pangenesis theory)•을 생각해 냈다.
아!

생물의 몸을 구성하는 세포들이 번식할 때 자신의 특성을 지닌 제뮬(gemmule)•이라는 입자를 생식 기관으로 보내고, 이 제뮬들이 모여서 식물의 씨앗이나 동물의 알을 만들지 않을까?

….

….

• **범생설(pangenesis theory)** 유전을 설명하는 가설 중 하나이다. B.C. 410년 무렵 히포크라테스가 주장한 가설이다. 히포크라테스는 유전은 신체의 모든 부분에 있는 특수한 입자들(씨앗)이 만들어지고, 수태와 임신 과정에서 이런 입자들이 자손에게 전달되어 부모의 형질이 이어진다고 믿었다. 다윈은 오랜 세월이 지난 뒤 유사한 가설을 받아들였고, 범생설은 19세기 말까지 유전에서 유일한 보편적 이론으로 널리 알려졌다.

제뮬이
있다는 걸
입증할
방법은요?

제뮬이 있다고 치죠.
하지만 그게 어떻게
작동하는지
구체적인 설명이
필요해요.

진화론의 든든한 방위군이었던 헉슬리와 X클럽 멤버들도 범생설에 대해서는 회의적 반응을 보였다.

나의 제뮬이
이렇게 디스당하다니…
쩝….

다윈이 유전의 실체와 유전 방법으로 골머리를 앓고 있을 때, 오스트리아 한 수도원에서 누군가가 그의 이론을 증명해 줄 실험을 하고 있었다.

멘델이라는 이름의 이 수도사는 수도원 뒤뜰에서 7년 동안 완두를 재배하고 교배해서 '유전 물질'이 세대가 지나도 섞이지 않는 입자의 형태로 존재한다는 것을 증명했으며,
유전 물질에 의해 형질이 어떻게 드러나는지를 밝혀 냈다.

그레고르 멘델[8]

그는 1822년 7월 22일, 오스트리아 힌시세 지방에서 가난한 농부의 아들로 태어났다.

열여덟 살이 되었을 때 아버지가 지어 준 '요한'이라는 이름을 버리고 '그레고르'라는 새 이름을 얻으며 수도사가 되었다.

이 무렵 멘델의 가장 큰 관심은 어떻게 부모들이 자신을 닮은 자식들을 낳는가 하는 것이었다.
콩 심은 데
콩이 나고…
개는 반드시
강아지를
낳는다.

● **제뮬(gemmule)** 원래 '어린 싹'을 뜻하는 말이다. 다윈은 생물의 세포는 모두 세포의 특징을 지닌 아주 작은 입자를 가지고 있다고 생각했는데, 그 입자를 제뮬이라고 불렀다. 생물이 번식할 때 각 부위에 분산되어 있던 제뮬이 혈관을 통해 생식 세포에 모여 자손에게 부모의 특징이 전달된다고 생각했다.

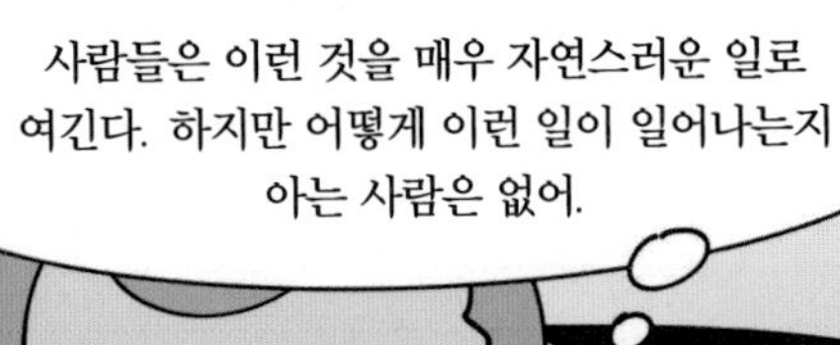

사람들은 이런 것을 매우 자연스러운 일로 여긴다. 하지만 어떻게 이런 일이 일어나는지 아는 사람은 없어.
왜 아무도 안 궁금해하지…
난 정말 궁금한데…

멘델은 수도원 다락방에 여러 개의 우리를 가져다 놓고, 털색이 다른 쥐들을 구해서 교배 실험을 시작했다. 하지만….
성스러운 수도원에서 그런 추잡한 짓은 허락할 수 없습니다!

그는 실험 대상을 쥐에서 완두로 바꾸었다.
주교님이 식물에 대해서 잘 몰라 다행이야. 만약 완두도 짝짓기를 한다는 걸 아셨다면 절대로 허락하지 않으셨겠지….

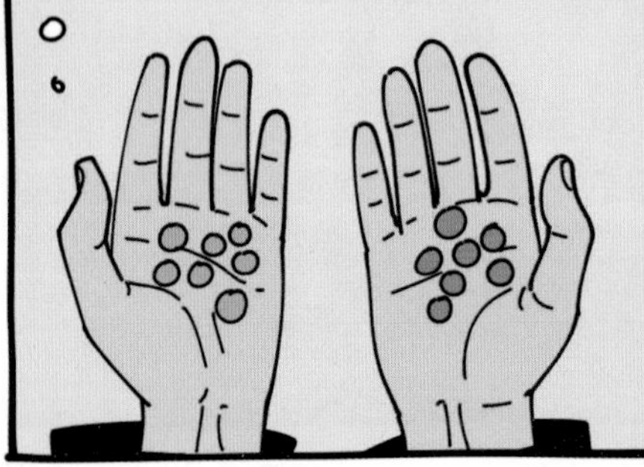
완두는 콩이 노란 것과 녹색인 것 두 가지가 있구나. 그럼 이 두 색의 완두를 교배시켜 잡종을 만들면 어떤 완두가 나올까?

멘델은 먼저 순종의 노란 완두와 초록 완두를 골라 각각 심었다. 두 완두의 꽃이 피면 수술을 잘라 내어 꽃가루를 얻었다.

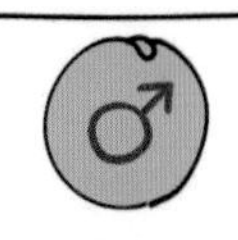

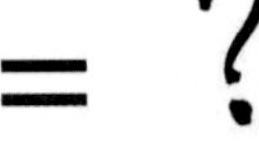

그리고 노란 완두의 꽃가루는 초록 완두의 암술에, 초록 완두의 꽃가루는 노란 완두의 암술에 묻혀서 잡종을 만들었다.

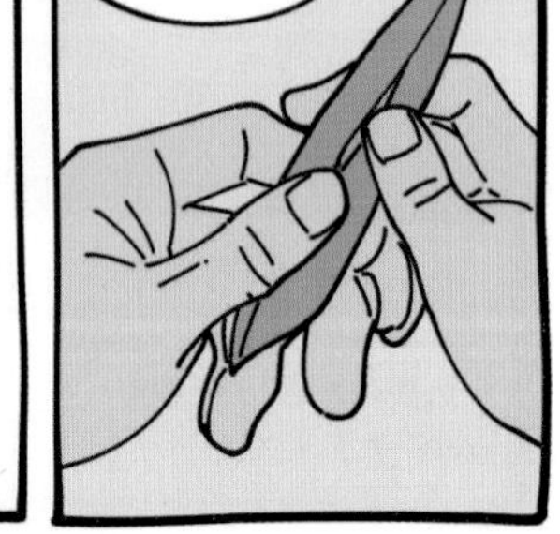
어떤 색 콩이 열렸을지 어디 한번 볼까?

헐… 뭐야?
왜 죄다
노란 완두야!?

처음 심었던 완두의 초록색
형질은 사라진 걸까?
아니면 숨어 있는 걸까?

알아볼 방법이 있지.
이번에는 잡종 1세대 완두만
심은 뒤에 어떤 색의 완두가
열리는지 보는 거야.

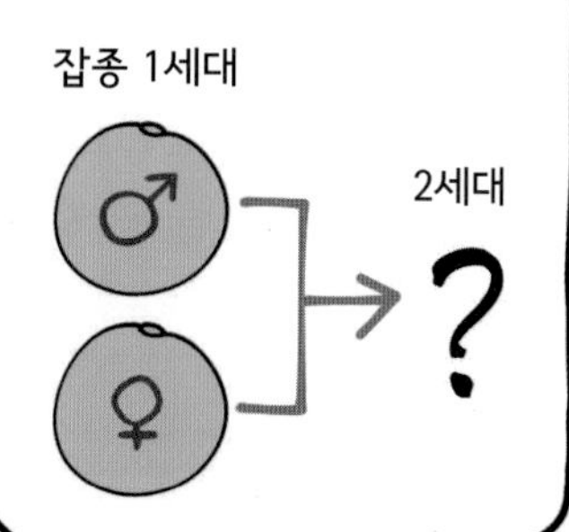

잡종 1세대
♂
♀
2세대
?

잡종 2세대 완두는 노란 것이 6,022개고
초록이 2,001개야. 비율로 따지면
약 3 대 1 정도가 되는군.
멘델은 초록 완두와 노란 완두를
교배시켜 두 가지 중요한 유전법칙을
알아냈다. 먼저 찾아낸 법칙은
우열의 법칙이다.

완두 색을 결정하는 유전 인자는
노랑과 초록 두 개로, 자손은
양쪽 부모로부터 각각 색깔
유전자 1개 씩을 물려받는다!

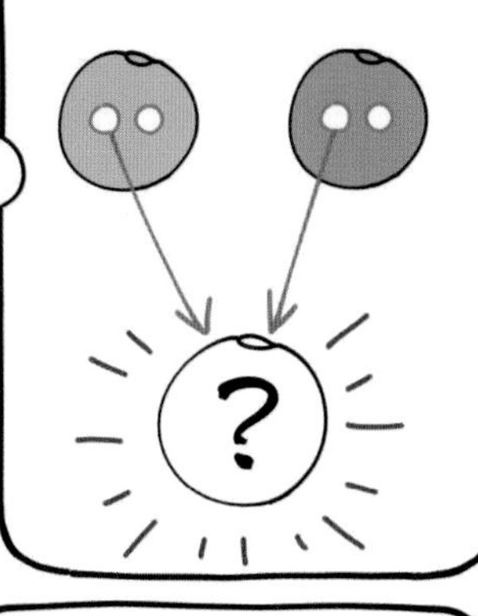

?

두 개의 색깔 유전자가
노랑/노랑 혹은 초록/초록으로
같을 경우에는 각각
노랑과 초록 완두가 열린다.

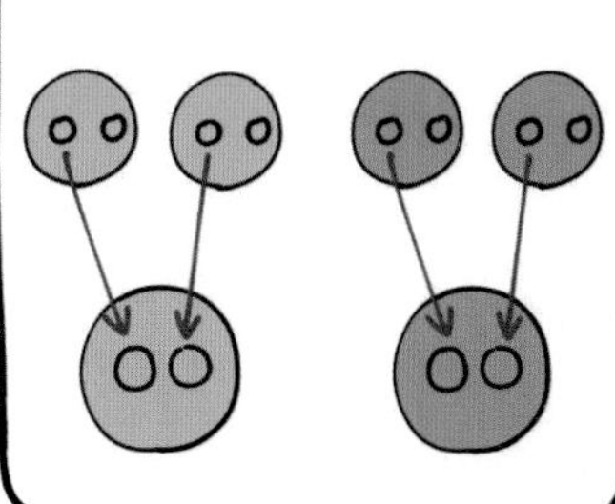

그런데 노랑/초록 유전자가
동시에 존재할 경우 노랑이
초록보다 앞서므로 겉보기에는
노란색만 보인다.

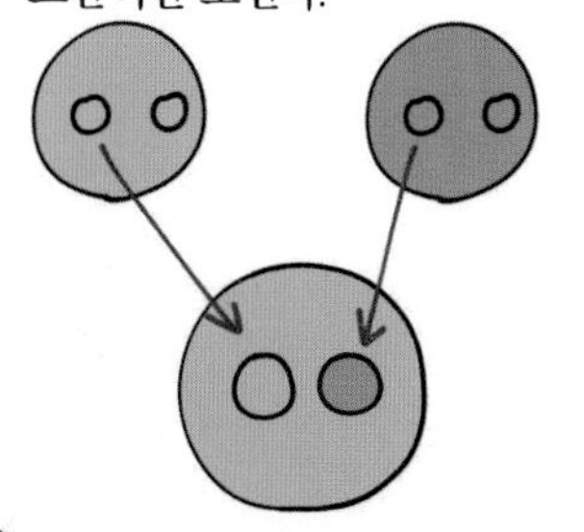

그래서 잡종 1세대에서
노랑 완두만 나왔던 것이다.
노랑 유전 인자가 초록색 유전 인자
보다 늘 앞에 서기 때문이다.

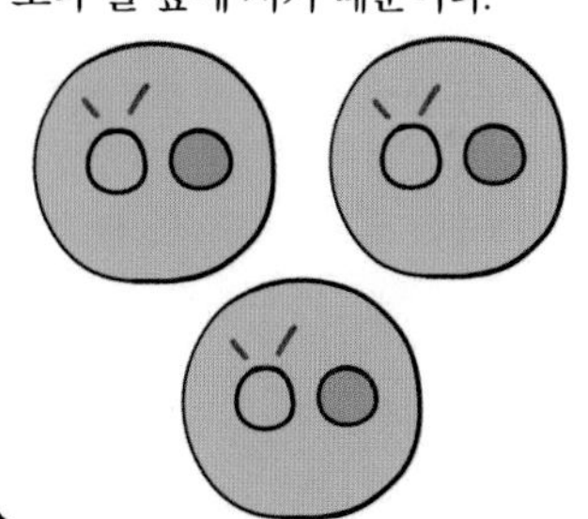

하지만 초록색을 나타내는 유전 형질은 사라진 것이 아니다. 단지 가려진 것뿐이다. 이 잡종 1세대를 자가 수분시켜 잡종 2세대를 만들면, 가려져 있던 초록 형질이 다시 모습을 드러낸다.

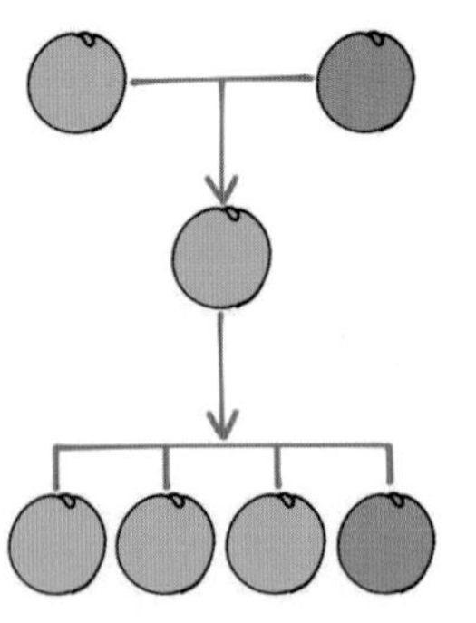

잡종 1세대

잡종 2세대

표현형으로 봤을 때!

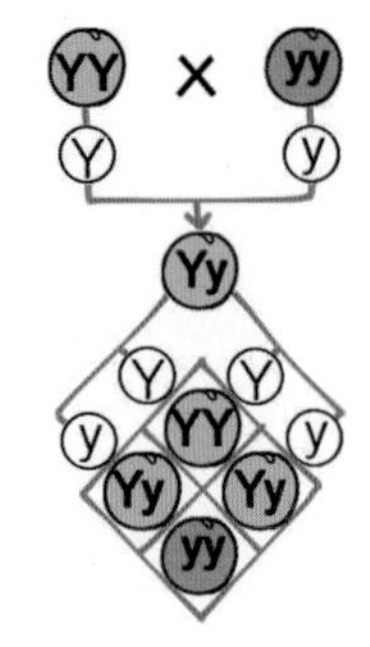
YY
×
yy
Y
y
Yy
Y
Y
y
YY
y
Yy
Yy
yy

유전자형으로 봤을 때!

이때 노란색과 초록색의 비율은 3:1로 나타난다. 이를 분리의 법칙이라 하자!

멘델은 7년 동안 완두 교배 실험을 반복했다. 그 결과 완두에는 총 7가지의 유전적 대립 형질이 있고, 각각의 특성들 사이에서 우열의 법칙과 분리의 법칙이 성립한다는 사실을 밝혔다.

	씨 모양	씨 색깔	꽃 색깔	깍지 모양	깍지 색깔	꽃 피는 위치	줄기 키
어버이	× 주름지다	× 녹색	× 흰색	× 잘록하다	× 황색	× 잎겨드랑이 줄기 끝	× 크다 작다
잡종 1세대	둥글다	황색	보라색	매끈하다	녹색	잎겨드랑이	크다

멘델은 우열의 법칙과 분리의 법칙을 통해 이후 유전학의 가장 기본이 되는 특징을 찾아냈다. 그건 유전 물질이 고체라는 것이다. 그동안 사람들은 유전 물질은 액체이며, 부모에게서 받은 액체가 섞여서 자손이 만들어진다고 생각했다.

액체는 한 번 희석되면 다시 원래대로 되돌아가지 않는다. 유전에서는 한 번 사라졌던 형질이 세대를 건너뛰어 격세 유전이 일어나기도 한다. 이러기 위해서 유전 물질은 겹쳐지고 분리될 수 있는 고체 형태를 가지고 있어야 한다!!

후훗, 이 사실을 브륀의 자연사학회에서 발표하면 많은 사람이 깜짝 놀라겠지?

1865년에 열린 브륀 자연사학회에서
멘델의 발표는 무관심 그 자체였다.

고명하신 과학자들은 오스트리아 시골
수도사의 발표에는 흥미가 없었던 것이다.

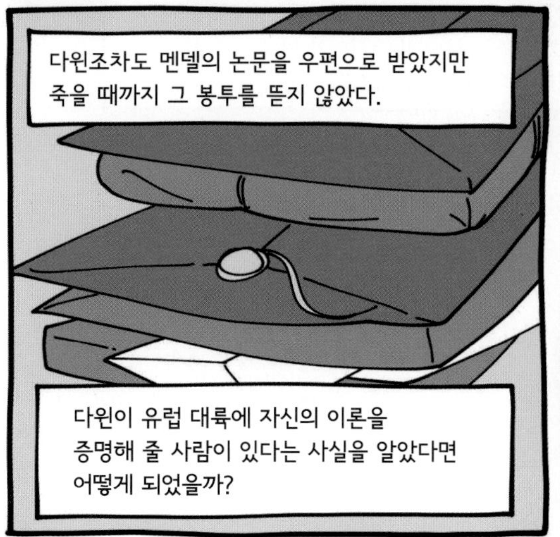
다윈조차도 멘델의 논문을 우편으로 받았지만
죽을 때까지 그 봉투를 뜯지 않았다.
다윈이 유럽 대륙에 자신의 이론을
증명해 줄 사람이 있다는 사실을 알았다면
어떻게 되었을까?

하지만 그런 일은 일어나지 않았다.
멘델은 《종의 기원》을 구해서 밑줄까지 쳐가며
열심히 읽었고 다윈을 존경했으나, 둘은 끝내
만나지 못했다.

범생설이 제대로 풀리지 않자 다윈은 실망했고, 건강은 더 나빠졌다.
이 시기는 사진술과 인쇄술의 발달로 사진을 찍어 이를
명함으로 만들어 사용하는 카르테(Carte) 명함• 이 유행하던
시절이었다. 그때 찍은 사진에 그의 초췌한 모습이 그대로 드러난다.
1866년
1869년

한편, 다윈의 이름이 널리 알려지고
진화론이라는 단어가 더 많은 사람의
입에 오르내릴수록 더 많은 오해가
생겨나기 시작했다.

• 이미 유명인이 되었던 다윈의 카르테 명함은 많은 사람들의 호기심을 불러일으켰고, 잡화점에서는 다윈의 얼굴이 담긴 카르테 명함을 기념품으로 팔 정도였다. 우리가 지금 알고 있는 대머리에 흰 수염이 덥수룩한 초췌한 할아버지의 모습으로 기억되는 다윈은 이 시기 찍은 카르테 명함에 담긴 모습이다.

최대의 오해는 바로 그의
측근에서 생겨났다.
다윈은 중립적 의미를 지닌
'자연 선택(natural selection)'
이라는 단어를 좋아했지만,
스펜서는 그 단어가
부족하다고 생각했다.
자연의 무자비한 칼날을
이기고 선택된 개체들은 모두
환경에 잘 적응한 '적격자'의
모습을 가지고 있어.
때문에 이런 단어로
정의하는 것이 적합해.
그건 바로….

'적자생존
(Survival of
the fittest)'•

다윈은 처음에는 이 단어가 맘에 들지 않았지만,
결국 그도 적자생존이라는 단어가 의미 면에서
적절하다는 데 동의하지 않을 수 없었다.
끙….
그는 《종의 기원》 개정판에 이 단어를 쓰기 시작했는데,
당시에는 이 말이 무서운 오해를 불러일으킬 줄은
꿈에도 생각지 못했다.

적자생존이라는 말은 '적자가 살아남을 가능성이 높다'는
원래의 뜻이 아니라, '적자만이 살아남을 가치가 있다'를 거쳐
'약자는 살아남을 가치가 없다'라는 뜻으로 변질되었기 때문이다.

이는 인류 역사에서
뼈아픈 잘못으로 남는
'우생학'의 기본 개념으로
연결되었다.

• **적자생존(適者生存, Survival of the fittest)** 1864년 허버트 스펜서가 《생물학 원리(Principles of Biology)》에서 처음 사용한 용어로, 생존 경쟁의 원리를 함축한 용어이다. 다윈은 이 용어를 《종의 기원》 제5판에서 처음 사용했으며, 다양한 환경에서 적응하려고 노력하는 생물체가 특정 시대에서 생존할 기회가 높다고 표현했다.

메타-인포 META-INFO

생물 진화론과 사회 진화론

- 생물의 진화와 인간 사회의 진화는 과연 동일한 과정인가?

진화(進化, evolution)란 생물 집단이 여러 세대를 거치면서 변화를 축적해 집단 전체의 특성을 변화시키고, 나아가 새로운 종의 탄생을 가져오는 관찰된 자연 현상을 가리키는 생물학 용어이다. 그런데 다윈이 살던 시기 즈음에는 자유라는 새로운 신념을 바탕으로 빠르게 변하고 있었고, 이 변화는 다시 사람들의 의식 구조에도 영향을 미쳤다.

영국의 출판업자 존 채프먼(John Chapman, 1821~1894)은 《웨스트민스터 리뷰(Westminster Review)》[1823년 제레미 벤담(Jeremy Bentham, 1748~1832, 영국의 철학자, 법률가)에 의해 창간되어 1824년부터 1914년까지 90년간 발간된 영국의 급진적 저널]에 "인간의 제도는 자연의 산물과 마찬가지로 점진적 발달의 결과이며, 그에 걸맞게 강하고 영속적이다."라고 쓰는 것을 주저하지 않았다.

진화라는 말은 이제 더 이상 낯선 단어가 아니었다. 인간 사회는 변하고 있었고, 그건 자연도 마찬가지였다. 사회와 자연 모두 변하며 진화하고 있었다. 당시 많은 사람이 '진화'라는 단어를 유행처럼 사용했지만, 그 의미마저 동일하게 사용하고 있는 것은 아니었다.

채프먼은 진화를 '진보의 법칙'이라고 불렀다. 모든 세상사는 시간이 지남에 따라 점점 나아지고 발달하는 것이 기본 법칙이라는 뜻이었다. 즉 저열하고 저급한 것에서 시작해서 신이 상정한 고귀한 가치로의 귀결이 진화였다. 《이코노미스트》에서 일하는 허버트 스펜서는 "진화는 각 개인이 획득하고 이어받은 변화의 축적으로, 필연적인 일이다."라고 했다.

당시 많은 사람들이 진화는 생물이 그 생물이 사는 환경에 맞게 변하는 것이라 여기고 있었다. 즉 어두운 곳에서 살면 청각이 예민하게 발달하고, 진흙탕에서 서식하면 몸 빛깔을 주변에 맞춰 칙칙한 흙빛으로 변화시키는 것이 진화라고 믿은 것이다.

사실 진화는 이렇게 목적을 가지고 일어나지 않는다. 생물체의 변이는 무작위적으로 일어난다. 하지만 착각하기 쉽다. 현존하는 생물체의 모습은 자연의 낫질을 버티고 살아남은 것으로, 환경에 가장 적합한 변이이기 때문에 마치 그런 방향으로 의도적으로 진화해 온 것처럼 여겨지기 쉽다. 마찬가지로 스펜서 역시도 진화론을 잘못 이해하고 있었다. 나아가 스펜서는 동물에 해당되는 이러한 결과가 '문명의 원동력'이며 인간 사회에도 그대로 적용될 수 있다고 믿었다. 생물 진화에서의 적자생존처럼 사회에도 적자생존의 원칙이 적용된다고 보았던 것이다. 이러한 관점을 '사회 진화론(社會進化論, Social Darwinism)'이라 하는데, 이는 생물학 이론에 사회학을 단순하게 대입시킨 결과였다.

스펜서는 사회 진화론을 바탕으로 〈동물 번식의 일반 법칙으로부터 연역한 인구론〉이라는 논문을 발표했다. 이 논문이 담은 논조는 다분히 우생학적이지만, 당시 많은 사회 지도층의 관심을 끌었다. 진화가 '더 나은 것'으로 나아가는 것이라면 모든 우수한 것들, 즉 인간 사회에서 남들보다 우위를 차지하고 있는 그들 자신들은 선(善)이고, 그렇지 못한 것들은 악(惡)이었다. 적어도 전자는 가치 있는 존재였고, 후자는 그럴 만한 가치가 없다고 여겨지는 것이 당연했다. 이는 가진 자의 특권을 인정했다.

맬서스는 식량은 산술급수적으로 증가하는데 반해 인구는 기하급수적으로 증가해 인류는 장기적으로 식량 부족으로 인한 아사(餓死)의 위험에 노출된다고 보았다. 맬서스는 이를 근거로 들어 인구 억제만이 살 길이라고 주장했는데, 스펜서는 이러한 맬서스의 인구론에 생물 진화론과 사회학을 접합해서 사회 진화론 개념을 주장했다. 그는 맬서스가 예견한 인구 폭발은 자연에서 늘 일어나는 것처럼 '약한 자의 도태' 형태로 나타날 것이고, 그런 식으로 '약한 고리'를 제거하는 방법을 통해 인류는 더욱 건강하고 강인한 집단으로 거듭날 것이라고 보았다. 이는 훗날 스펜서가 "가난하고 게으른 자의 도태는 지극히 당연한 현상이며, 빈민에 대한 복지 정책은 적자생존의 자연 법칙에 위배된다."고 주장하게 되는 것으로 이어진다.

다분히 가진 자를 위한 것으로 보이는 스펜서의 논문은 당시 '지도급 인사들'에게 좋은 평가를 받았으며 널리 퍼졌다. 이 논문을 접한 사람들 중에 토머스 헉슬리도 있었다. 헉슬리는 스펜서보다 다섯 살 아래였지만, 둘은 비슷한 처지에 비슷한 생각을 가지고 있던 터라 금세 친해졌다. 진화론과 연관된 젊고 대담한 학자들의 만남이었고, 이들이 이후 역사에 미친 파장은 매우 컸다.

헉슬리는 다윈의 진화론을 접하고는 크게 감탄하여, 부끄러움 많고 사람들 앞에 나서기 싫어하는 다윈 대신 진화론을 널리 알리는 '스피커'의 역할을 담당했다. 진화론을 정리한 이가 나윈이었나면, 이를 세상에 널리 알린 이가 헉슬리라는 뜻이다. 1860년 옥스퍼드 대학에서 열린 영국학술협회 총회에서 진화론을 두고 윌버포스 대주교와 벌인 세기의 논쟁의 결과 '다윈의 맹견(Darwin's Rottweiler)'이라는 별명을 얻었다. 불가지론(不可知論, agnosticism)이라는 단어를 처음 만들어 낸 사람으로 알려져 있다.

오해가 부른 비극, 반복 발생설

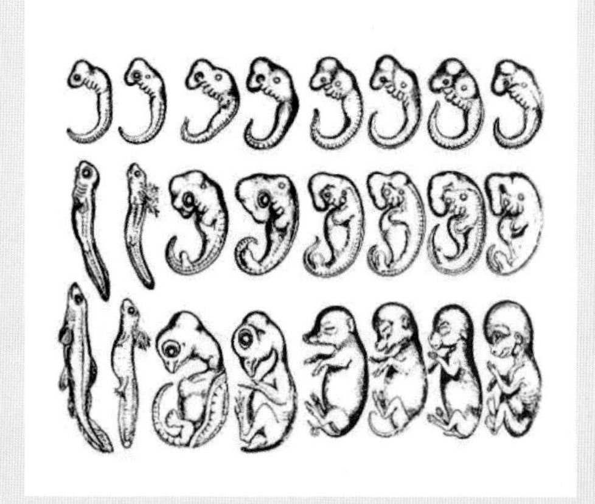

헤켈은 이 다양한 생물들의 발생 과정에서 초기 모습이 비슷한 것은 바로 공통 조상을 가졌기 때문이라 생각했다.

척추동물은 어류 – 양서류 – 파충류 – 조류 – 포유류의 순서로 진화된 것으로 알려져 있다. 이들 모두는 발생 초기에 아가미가 달린 길쭉한 물고기 형태를 보이다가, 발생 과정이 진행됨에 따라 점차 그 모습이 달라진다. 더 이상 아가미로 숨을 쉬지 않는 포유류의 경우에도 발생 초기 배아에는 아가미 형태가 나타나며 발생이 진행될수록 점차 아가미구멍이 막히고 폐가 발달하며 사지가 생겨 길어지는 모습을 보인다. 헤켈[1]은 이러한 배아의 모습 변화는 우리가 진화한 증거이며, 포유류의 경우 어류에 비해 더욱 진화된 '고등 동물'이라고 해석한다.

헤켈의 반복 발생설●은 진화의 개념을 직관적으로 이해시키기는 좋았지만, 과학적으로는 터무니없는 주장이다. 지구에서 생물의 등장 순서는 어류가 포유류보다 앞서기는 하지만 어류가 진화해서 포유류가 된 것이 아니고, 또한 현생 어류가 초기 상태 그대로 지금까지 남아 있는 것도 아니다. 현생 어류들은 수억 년의 세월 동안 파충류나 포유류와는 무관하게 진화해 온 개별적 존재다. 즉 인간과 침팬지는 공통 조상을 가지고 있을 뿐, 침팬지가 먼저 나오고 침팬지가 변해서 인간이 된 게 아니라 공통의 조상에서 갈라져 나온 뒤 독립적으로 진화했다는 말과 같다. 발생 초기의 유사성은 아마도 '액체로 둘러싸인 환경'이라는 동일한 초기 환경 속에서 단 하나의 수정란이 자라는 과정이라는 유사한 환경과 조건이 가져올 수밖에 없는 자연스럽고 우연한 일치라고 추측된다.

그런데 큰 문제는 반복 발생설이 사회에 퍼져 나가면서 일어났다. 헤켈의 반복 발생설은 어류보다는 포유류가 더욱 진화한 '고등 동물'이며, 어류는 상대적으로 진화상에서 서열이 낮은 '하등 동물'로 인식하도록 만들었다. 이

● **반복 발생설(反復發生說, Recapitulation theory)** '개체 발생은 계통 발생을 반복한다'는 말로 정리되는 생물학적 이론으로, 개체는 성장하는 동안 그 개체가 거쳐 온 진화의 단계를 반복한다는 주장이다. 헤켈은 이에 대한 근거로 인간의 태아가 임신 중에 어류, 파충류와 유사한 단계를 거친 뒤 인간의 모습을 보인다는 것을 들었다. 이 개념은 생물 종들을 하등과 고등의 차별적 계층으로 나누고 있기에 많은 오해를 불러일으켰으나, 훗날 헤켈이 당시 근거로 제시했던 발달 단계별 태아의 모습은 조작된 것으로 밝혀져 이제는 폐기된 이론이 되었다. 다시 말해 포유류는 어류에서 파충류를 거쳐 포유류로 진화한 것이 아니며, 어류와 파충류와 포유류는 각각 공통의 조상에서 갈라져 나와 독자적으로 진화한 생물들이라는 것이 현재의 정설이다.

러한 관점은 생물 사이에 위계가 있으며, 위계가 낮은 생물들은 미숙하고 열등한 존재로 받아들이게 한다.

반복 발생설은 19세기에 유행했던 우생학과 맞물려 인간을 서열화하고자 하는 이들에게 매우 효율적인 정당화의 도구가 되었다. 즉 인간들 사이에도 위계가 있으며, 더 고등한 존재로 인식되는 백인 남성과 이보다 인종과 성별에서 열등하다고 파악되는 존재들(예를 들면 흑인과 여성) 사이에는 넘을 수 없는 진화적 장벽이 존재한다고 보았다. 따라서 흑인과 여성, 하층 계급의 경우, 육체적으로는 성장한다고 하더라도 뇌는 반복 발생설에 의거해 아직 덜 성장한 백인 사내아이 수준에서 발달을 멈추기 때문에 이들의 노력과는 상관없이 영원히 성인 백인 남성에 비해 미숙한 존재로 남아 있을 수밖에 없다고 해석한 것이다. 어른은 아이를 보살펴야 하고, 아이는 어른에게 복종해야 한다는 당시의 통념상 아직 미숙한 수준의 뇌를 가지고 있다고 여겨지는 흑인과 여성, 하층 계급을 백인 남성들이 보호하고 지배하는 것을 당연하다고 해석했으며, 이는 온갖 차별의 근거로 이용되었다.

사람들에게 큰 상처를 준 골턴의 우생학

골턴[2]은 찰스 다윈의 할아버지인 이래즈머스 다윈의 외손자로 다윈에게는 이복 사촌 동생(다윈의 할머니는 에라스무스의 첫 번째 아내였던 메리 하워드이고, 골턴의 할머니는 에라스무스의 두 번째 아내 엘리자베스 콜러이다.)이었다. 무기 제조업자이자 부유한 은행가 집안에서 자라난 골턴은 케임브리지 대학에서 수학을 전공했으며, '유전적 재능과 성질'에 관심이 많았다. 그는 유전의 개념을 다윈보다 더 넓게 잡았다. 인간의 재능과 지능은 동물의 털색이나 뿔의 존재 여부처럼 유전된다는 것이다. 그렇기에 인간에게 나타나는 무형적인 것들, 즉 개인의 지능과 범죄 성향, 정신병, 도덕심, 중독 성향 등 모든 것이 유전적인 것이며, 인간은 지성과 판단력을 가지고 있으므로 주변 환경에 비추어 볼 때 더 우수한 성질과 열등한 성질(우성과 열성)을 구별할 수 있다고 주장했다.

근대적 우생학을 확립한 프랜시스 골턴

예를 들면, 똑똑함과 우둔함은 모두 유전적 산물이며 이 중에서 똑똑함은 우수한 성질이고 우둔함은 열등한 성질일 것이다. 골턴은 육종가들이 특이한 형질을 지닌 비둘기만을 골라 새 품종을 만들어 낸 뒤에도 같은 품종끼리만 교배시키지 않으면 개량된 형질이 희석되어 사라진다고 보고한 것처럼, 인류의 '희귀하고 우수한 변종'들이 확실히 승리하기 위해서는 이들끼리만 신중하고 선택적으로 결합해야 한다고 주장했다. 그는 "인간은 스스로의 진화에 책임이 있다."는 말로 자신의 주장을 함축했다.

다윈은 골턴의 이러한 주장에 대해 처음에는 수긍한 것으로 알려져 있다. 이후 골턴은 자신의 생각을 다듬어 1883년 '우생학(優生學, Eugenics)'이라는 개념을 만들어 냈다. 우생학이란 말 그대로 '우수한 종을 개량하는 것'이라는 뜻인데, 여기서의 '종'은 주로 인간에 한정되어 있다. 그 방법으로는 우수한 계층의 출산율을 증가시켜 인간 종의 질적 향상을 도모하는 '포지티브 우생학(Positive Eugenics)'과 인간 종의 퇴화를 막기 위해 열등한 유전 형질의 확산을 제거하는 '네거티브 우생학(Negative Eugenics)'이 제시되었다. 1904년 영국에서는 우생학 기록 사무국(ERO)을 설립하고 우생학을 정치 개념으로 이용하기 시작했다. 이후 30여 개 나라에서 우생학적 정치사상들이 대중화되면서 인종 차별과 장애인 차별, 범죄자에 대한 가혹한 처벌, 장애인에 대한 강제 불임 시술 그리고 홀로코스트를 비롯한 대규모 학살 등으로 이어지면서 20세기 인류 역사에 큰 상처를 남겼다.

Darwin Theory of Evolution

10 인간의 유래

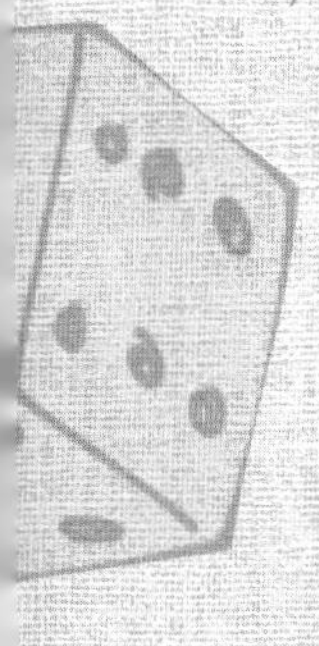

1866년 10월, 다운하우스

제가 있는 예나 대학은 독일에서 다윈주의의 아성입니다. 독일어로 다윈주의를 '다비니스무스'라고 하지요.
네, 익히 들었어요. 헤켈 선생.

제가 하는 다비니스무스 강의를 150명이나 되는 학생들이 수강하지요. 이 학생들은 《종의 기원》이 출간된 1859년을 19세기 중 가장 중요한 해로 손꼽는답니다.

하하, 그래요?
1867년 봄, 다윈은 《길들인 동식물의 변이(The variation of Animals and Plants under Domestication)》를 넘길 수 있게 되었다.

이 즈음 그는 이미 다른 책을 구상하고 있었다.
이젠 정말 인간에 대해 말할 때가 되었어. 인간의 조상, 변이, 표정, 지적 능력과 도덕 능력, 성과 관련된 선택 등에 대한 이야기를 말이지.

《종의 기원》에서 가장 관심을 가졌던 주제는 '자연 선택'이었어.
자연 선택은 '어떤 동물이 살아남는 주된 원인은 무엇인가?'에 대한 답이라고 할 수 있지.

자연 선택은 다채롭지만, 실상 그 원리는 단순해.

자연은 생존과 번식에
유리한 것을 선택하기
때문이지.

많은 동물이
주변과 비슷한
보호색으로 몸을
숨기는 것이나
육식동물이 초식동물보다
빠르게 달리도록 진화한 것은
그것이 그들의 생존에 유리했기
때문일 거야.

하지만 모든 생물이 그런 것은 아니지.
때로는 생존에 불리한 조건을 가진 존재들이
버젓이 선택되기도 하고, 지나치게 복잡하고
생존에 꼭 필요하지 않은 특질들이
남아 있기도 하거든.

특히 인간이 그래. 인간의 지능, 고도의 문화,
복잡한 사회 구조 등은 생존에 필수적이지 않고
오히려 거추장스럽기도 해. 그런데 이들이 선택되어
살아남은 이유는 무엇일까?

그 후 다윈의 관심사는 '자연이 선택할
것 같지 않은 변이'에 집중되었다.

동물들 중에는
독특한 미적 감각을
뽐내는 것들이 있어.
커다란 눈동자가 그려진
날개를 가진 나방이나 화려한
색을 뽐내는 개구리처럼 말이지.

● **성 선택(Selection in relation to sex)** 《종의 기원》에서 다윈이 제시한 개념으로, '생존에 유리한 변이가 선택된다'는 자연 선택(natural selection) 개념만으로는 설명할 수 없는 진화적 특질을 설명하는 개념으로 제시되었다. 개체의 생존에는 불리한 형질이라 할지라도 암컷이 더

하지만 이들은 분명히 자연의
손에 의해 선택된 특질들이다.
날개에 새겨진 눈동자가 크고
선명할수록 천적의 눈을 잘
속일 수 있고,

몸 색깔이 화려할수록 적에게
경고하는 의미를 잘 전달할 수 있어
생존에 유리하다.
눈에 잘 띄는 모습을 지니는 것은 경계색 전략이고,
주변과 비슷한 색과 무늬로 몸을 감추는 것은
보호색 전략이라 할 수 있다.

두 전략은 접근 방법은 달라도 목적과 결과는
같다. 숨기든 드러내든 그것이 생존에 유리했기
때문에 선택되었다는 것이다.

물론 자연에는
꼭 그런 것만
있는 것은 아니다.
군함새의 붉은색 목주머니나 공작새의 화려한
꽁지깃은 생존에 방해가 되면 되었지 도무지
도움이 될 것 같지 않기 때문이다.

도대체 공작새는 날지도
못하면서 쓸데없이 화려한
꽁지깃은 왜 끌고 다닐까?

한 가지 실마리가 있긴 있어.
자연 상태에서
쓸모없는 아름다움을
뽐내는 개체들은 대부분
수컷이라는 사실이야.
끄덕-
여기서 다윈은 '성 선택'*이라는 개념을 등장시켰다.

* 선호하는 형질(성간 선택)이거나 동성끼리의 경쟁에서 유리한 형질(성내 선택) 등은 짝짓기와 번식에서 커다란 이점을 가지기에 자연 선택의 낫질을 피해서 살아남는다는 개념이다.

성별이 나뉜 동물은 번식할 때 반드시 다른 성의 짝이 필요하다. 이들은 자신이 가진 유전자의 절반만 자손에게 물려줄 수 있기 때문이다.
이때 자손의 생존력을 높이기 위해서는 나머지 절반의 유전자를 물려줄 상대를 까다롭게 고를 수밖에 없다.

그래서 많은 동물이 짝짓기에 있어서만큼은 극단적인 차별주의자가 된다.

이 경우 까다롭게 상대를 평가하는 쪽은 대부분 암컷이며, 수컷들은 암컷의 까다로운 취향을 만족시키기 위해 극단적으로 변모하는 경우가 많다.

이유는 후손의 유전자 조합에 있어서는 암수의 기여도가 동일하지만,
그 새끼들을 낳고 기르는 과정에서 암컷의 투자 지분이 훨씬 더 많기 때문이다.

극단적으로는 수컷은 그저 정자 제공자의 역할만 수행하고, 임신과 출산과 육아의 모든 번식에 관계된 책임은 암컷에게만 집중된 경우도 많다.

절반의 유전자를 자손에게 물려주는 대가로 암컷이 치러야 할 비용이 훨씬 더 크기 때문에 암컷은 수컷을 고르는 데 더욱 신중하고 까다로워질 수밖에 없고…

이에 맞춰 수컷들의 자기 과시와
경쟁도 치열해질 수밖에 없다.
이것이 오랜 세월 누적되면 오히려
생존에는 불리한 조건들이 수컷에게만
선택적으로 남아 발현되는 것이
가능해진다.

공작을 예로 들어 보자. 수공작의
꼬리는 왜 이토록 길고 화려할까?
이는 자연 선택만으로는 설명할 수 없다. 길고 화려한 깃털은
오히려 포식자들의 눈에 잘 띄고 도망치기 어렵게 만드는
애물단지가 될 가능성이 높으니까.

하지만 만약!
먼 옛날, 암컷들이 우연히도
남들보다 조금 더 긴 꽁지깃과
조금 더 화려한 꽁지깃을 조금 더
선호했다면?

처음에는 그저 미세한 차이
였을 뿐이었을지라도 세대가
거듭되며 변이가 누적되고
경쟁이 지속되면,

수공작의 꽁지깃은 점점 더
길고 화려한 쪽으로 선택적
압력을 받게 되었으리라
추측할 수 있다.

수컷의 경우에는 개체의 수명이
종족의 번성과는 무관할 수 있다.
초라하고 볼품없어 암컷이 외면하는
수컷은 아무리 오래 살아도
자손을 남길 수 없기에 그의 유전자는
도태되고 만다.

하지만 화려하고 성적 매력이 충분한 수컷이라면 짧은 생을
살아도 후손을 남길 기회를 더 많이 얻을 수 있으므로,
유전적으로는 성공한 승리자로 남을 수 있다.
이것이 수컷들에게 무한 경쟁을 유발시켜 생존에는
불리한 특질들을 계속 유지시키게 만들었을 것이다.

실제로 다윈은 자신의 집에 커다란 비둘기 사육장을 두고 비둘기들을 교배해 다양한 품종을 개량하는 데 성공한 경험이 많았다.
인간이 자신들의 기준에 따라 새의 외모를 바꿀 수 있다면…

암컷 새들이 자신의 미적 기준에 따라 수천 세대에 걸쳐 가장 노래 잘하는 수컷이나 가장 잘생긴 수컷, 혹은 꼬리가 화려한 수컷을 선택함으로써 그것에 필적하는 결과를 만들어 내지 못할 이유가 없지.

다윈의 성 선택 이론은 자연 선택만으로는 설명하기 힘든 생물체의 장식적이고 과시적인 형질을 설명하는 데 유용했다.

같은 종의 암수에서 나타나는 외모의 간극을 설명하는 데도 적절하여 많은 사람의 공감을 이끌어 냈다.

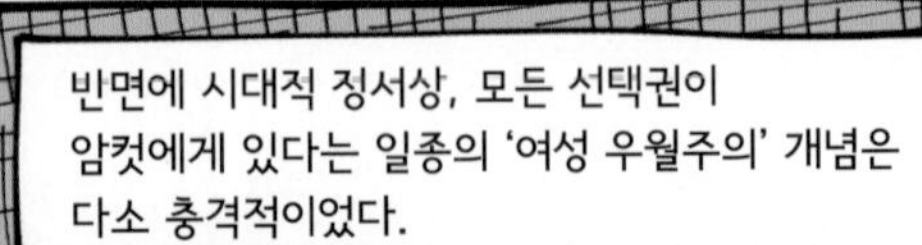
반면에 시대적 정서상, 모든 선택권이 암컷에게 있다는 일종의 '여성 우월주의' 개념은 다소 충격적이었다.

호호호

당시 사회의 주류는 대부분 남자들이었고, 학자들조차도 대부분 남자였기 때문이다.

심지어 다윈과 《종의 기원》에서 맥락을 같이했던 월리스조차도 다윈의 성 선택설에 대해서는 비판자로 돌아섰다.

게다가 성 선택설은 결정적인 약점을 가지고 있었다.

성 선택에는 유리한 특질이 자연 선택에 불리한 경우가 많다는 것이다.
화려한 꼬리를 지닌 수공작의 경우, 번식의 기회를 많이 누리는 이점은 분명히 있지만, 애초에 번식이 가능한 시기까지 생존이 어려운 경우가 많다.

암컷에게 달려가기도 전에 잡아먹혀 버린다면 화려한 꽁지깃은 아무런 소용이 없다.

게다가 근본적인 의문이 하나 더 있었다. 도대체 암컷들은 왜 이다지도 생존에 도움이 안 되는 특질을 굳이 선호하게 되었느냐는 것이다.
자손들에게 더 좋은 유전자를 물려주기 위해 수컷들을 까다롭게 선별하면서, 굳이 자손들의 생존을 위협하는 특질들을 골라서 선택한다는 것은 이치에 맞지 않기 때문이다.

다윈조차도 이를 설명하는 데 많은 애를 먹었다.

공작을 보고 있노라면 가라앉았던 위통이 다시 도질 지경이야….

이 모순적 상황에 대한 그럴듯한 설명이 나온 건 약 한 세기가 지난 1975년이었다.
이스라엘의 생물학자 아모츠 자하비(Amotz Zahavi)[1]가 핸디캡 이론(handicap theory)을 주장하고 나선 것이다.

꼬리가 길고 화려하다는 것은 공작의 입장에서는 일종의 장애(handicap)가 된다. 적의 눈에 띄기 쉽고, 도망치기 불리하기 때문이다. 따라서 화려하고 긴 꼬리를 지닌 어린 수컷 공작은 사망률이 높을 수밖에 없다.

하지만 핸디캡을 가진 존재들이 일단 성체가 되어 짝짓기 시장에 나서면 이들의 몸값은 천정부지로 치솟는다.
그 긴 꼬리가 '쓸모없다'는 게 포인트다.

이런 과시적 특질에 힘을 쏟아부었으면서도 아직까지 생존해 있다는 것은, 이 수컷이 이 정도 불리함쯤은 충분히 극복하고도 남을 만큼 다른 조건들이 좋았음을 암시한다.
내 장딴지 보고 있나?

100마리가 생존을 위해 경쟁한다면, 최후에 남은 1마리는 무리 중에서 가장 뛰어난 개체일 가능성이 높다.

하물며 그 개체가 핸디캡을 지니고 있음에도 살아남았다면 이건 더욱 결정적이다.

화려해서 적들의 눈에 잘 띄면서도 살아남았다는 것과 수수해서 적들의 눈에 잘 띄지 않아서 살아남았다는 것은 조건이 다르다. 후자의 경우 생존은 요행수지만, 전자의 경우 생존은 능력이다.

그럴 경우, 수컷들이 과시하는 특질들이 쓸데없음의 정도가 클수록 암컷들이 느끼는 매력도는 상승한다. 낭비할 만한 자원이 있다는 건, 그 뒤에 쓸모 있는 자원이 더 많음을 의미하기 때문이다.

경쟁을 이기고 살아남은 존재를 선택하는 자연의 손길과,

강한 새끼를 열망하는 암컷들의 바람이 이루어 낸 모습이 바로 성 선택의 골자이다.

하지만 진화론이 사람들을 흥분시키는 기점은 동물이 아니라 사람이었다.

다윈의 진화론은 인류가 다른 동물들과는 다르게 창조되었다는 데서 유래하는 인간의 특권 의식을 무참히 깨뜨렸다.

진화의 원리에 따르면 인간은 신이 특별히 자신의 형상을 따서 빚어 낸 고귀한 존재가 아니라,
다른 동물들과 마찬가지로 진화의 과정을 통해 '우연히' 만들어진 존재일 뿐임에 틀림없어.

인류는 동물과 연속선상에
놓이게 되었다.

오랫동안 스스로를 '만물의 영장'이라고
여겨 왔던 사람들은 이런 충격적 사실을
쉽게 받아들이지 못했다.

다윈은 자신이 쓴
《인간의 유래와 성 선택》●에서
인간이 '선택받은 유일무이한
존재'라는 믿음을 차분하고
단호한 어조로 반박했다.

특히 주목한 것은 인간의 '마음'이다.
많은 이가 인간이 다른 동물들과 다른 점으로
인간만이 추상적으로 생각할 수 있으며,
인간만이 문화를 향유할 수 있다는 점을 들어.

그리고 그것이 가능한 건 인간이 '영혼'이라는
고귀한 특질을 지니기 때문이라고 생각해.
영혼이란 것도
결국 진화의
결과일 텐데.

인간에겐 자연 선택만으로는
설명할 수 없는 것이 너무 많아.
멍 멍
오히려
생존에 불리해
보이는 것들이
더 많을 지경이지.

그중 대표적인 것이
바로 커다란 뇌와
복잡한 마음이야.
이는
생존에 필수적이지
않아.

● **《인간의 유래와 성 선택(The Descent of Man, and Selection in Relation to Sex, 1871)》** 찰스 다윈이 《종의 기원》 이후 12년 만에 발간한 책으로, 자연 선택설이 설명하지 못하는 다양한 형질들을 성 선택론을 통해 제시하는 책이다. 다윈은 생존을 위한 자연 선택과 번식을 위한 성 선택을 구분한 뒤, 성 선택이 더 지능적이고 복잡한 과정이라 보았다. 또한 다윈은 인간의 마음이란 공작새의 꽁지깃과 마찬가지로 이성의 환심을 사고 동성끼리의 경쟁에서 우위를 점하기 위해 발달된 성 선택의 결과물로 보았다.

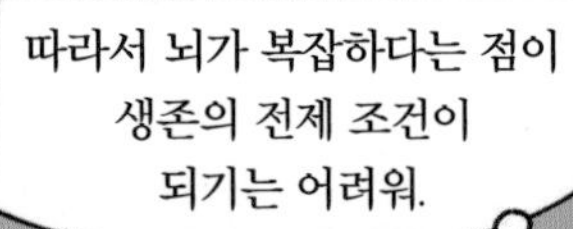
따라서 뇌가 복잡하다는 점이 생존의 전제 조건이 되기는 어려워.

척

뇌가 커지고 복잡해지면서
인간은 복잡한 언어를 구사할 수
있게 되었을 뿐 아니라,

우르?
우르!

유머 감각과 비꼬는 능력, 소문을
만들고 퍼뜨리는 능력, 창의적이고
기발한 상상력을 가지게
되었어.

원숭이는 할아버지 쪽이오, 아니면 할머니 쪽이오?

음악, 미술, 문학 작품을 만들고
감상할 능력과 도덕적 감수성과
철학적 사상들을 만들어 내는
능력도 지니게 되었지.

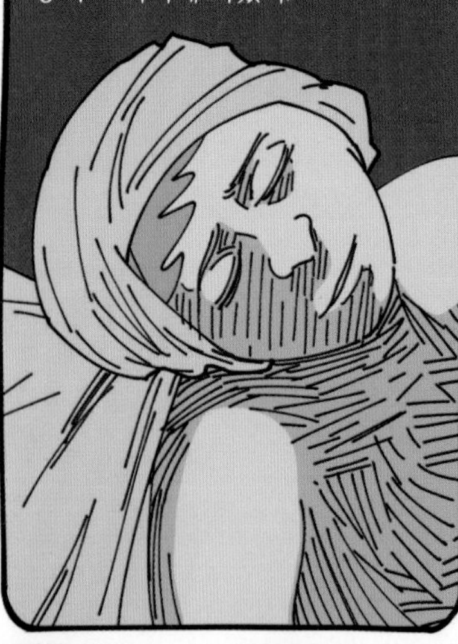

그런데 이것이 인간의 생존에
도움이 되는 것 같지는 않아.
오히려 인류의 역사에서 서로의
견해가 다르다는 이유만으로 숱하게
많은 사람이 목숨을 잃었거든.

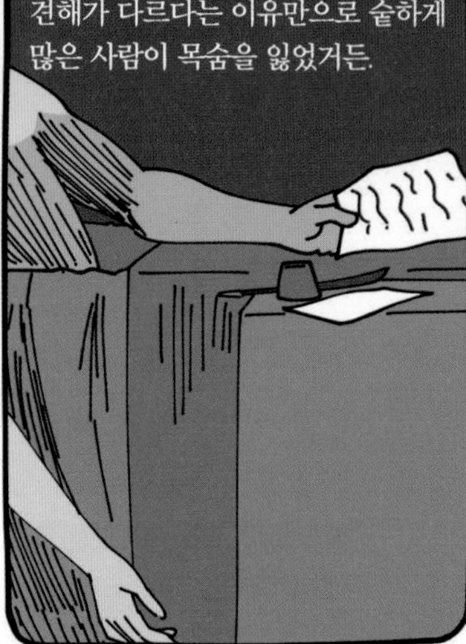

인간만이 지닌 이런 특징은
오랫동안 인간만이 '다른' 존재
라는 생각을 심어 주긴 했어.

만약 고도의 지능과 마음의 발달이 생존에 유리했다면 다른 동물들에게도 이런 특질이 나타나야 해.
진화는 종을 차별하지 않기 때문이지.

다윈이 했던 고민은 동물 진화에서
'눈'이 가지는 이점을 보면 분명해진다.

최초의 생명체 출현 이후 진화는 매우
느린 속도로 일어났다.

최초의 생물 발생 이후 30억 년이라는 오랜 세월이 지나는
동안 동물계에서는 겨우 3개 문(門, Phylum)●의 동물들이
발생했을 뿐이다.

하지만 영원히 지속될 것만 같은 지루한 영화도 결국엔 끝이 나고,
불이 켜진다.

지구의 역사에도 그렇게 '불이 켜지는 순간'이
존재했다.

5억 4,300만 년 전 ~ 5억 3,800만 년 전,

지질학적 시간 개념으로는 한나절에 불과한
500만 년 사이에 그동안 지지부진했던 생명체들이
일제히 잠에서 깨어난 듯 갑작스레 수많은 동물이
출현하기 시작했다.

이 '한나절' 사이에 지구에 존재하는 동물의 종류는
순식간에 38개의 문으로 늘어났다.

갑작스레 많은 동물 문이 나타난 것을
'캄브리아기의 대폭발'이라고 부른다.

학자들은 저마다 증거들을 해석해 캄브리아기의
생물 대폭발을 일으킨 다양한 가설들을 제시했는데
그중 눈에 띄는 이론이 바로 '빛 스위치 이론
(Light Switch Thoery)'이다.
치익-

● 생물체의 분류는 계(界, Kingdom)–문(門, Phylum)–강(綱, Class)–목(目, Order)–과(科, Family)–속(屬, Genus)–종(種, Species)으로 나뉜다. 이 분류에 따르면 사람은 동물계–척삭동물문(척추동물아문)–포유강–영장목–사람과–사람속–사람으로 분류할 수 있다.

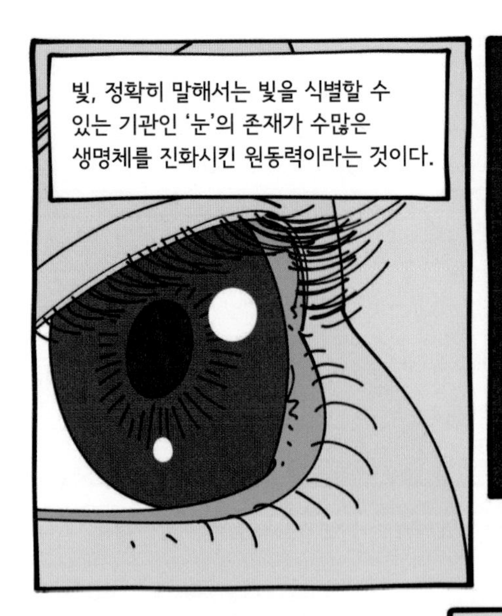
빛, 정확히 말해서는 빛을 식별할 수 있는 기관인 '눈'의 존재가 수많은 생명체를 진화시킨 원동력이라는 것이다.

물론 캄브리아기 이전에 살던 동물들도 빛을 느끼지 못했던 것은 아니다. 하지만 단순히 빛을 '느끼는' 것과 빛을 이용해 사물을 '보는' 것은 차원이 다른 일이다.

빛을 느끼는 것은 밝음과 어둠을 구별하고 빛과 동반하는 열기를 피부 감각으로 느끼는 것에 불과하지만,

'보는' 것은 빛을 이용해 주변 사물의 존재와 위치를 감지하고, 상대를 식별할 수 있게 한다.

물론 눈이 없어도 소리(청각)나 화학 물질(후각), 혹은 다른 감각 장치를 이용해 상대를 식별하고 감지하는 것이 불가능하지는 않다.

?

하지만 빛은 소리의 전달이나 화학 물질의 확산과는 비교할 수도 없을 만큼 속도가 빠르다.

한순간이라도 먼저 적이나 먹잇감을 발견할 수 있다는 것은 그만큼 대응할 시간을 벌 수 있다는 말과 동일하니, 이는 생물체의 생존에 있어서 분명히 유리한 이점이었다.

캄브리아기 동물들도 비슷한 충격을 겪었을 것이다.

여기에 갑자기 '눈'이 뜨인 동물이 있다.

이전까지는 고만고만한 다른 동물들과
비슷했지만, 눈을 가진 이후 이들의 운명은
급물살을 타게 된다.
?
이들에게 천적을 피하고 먹이를 구하는 일은 이전보다
수월해졌으며, 이로 인해 생존하고 번식하라는
유전자의 명령을 더 잘 수행할 수 있게 되었다.

이들의 변화는 다른 생물체들에게
변화의 필요성을 뼛속 깊이 자각시키는
진화적 압력이 되었다.
? ? ?

눈이 없는 존재는 눈을 가진 존재들과 먹이 경쟁에서
밀리지 않고, 생존 경쟁에서 도태되어 멸종되지 않으려면
어떻게든 변해야만 했다.
그것이 외골격을 바꿔 단단한 외피를 만드는 것이든,
보호색이나 위장 색으로 몸을 감추는 것이든,
몸의 구조를 바꿔 물 밖에서도 살아갈 수 있는 것이든
가리지 않아야 했다.

눈이 이토록 생존에 유리하게 작용하자,
얼마 뒤 너도나도 눈을 갖춘 생물들이
등장했다.
흥미로운 건 이때 눈을 만들어 낸 방식이
생물마다 차이가 있다는 점이다.

모로 가도 서울만 가면 된다는
심정처럼 어떤 방식으로 눈을 만들든
빛을 이용해 사물을 인식하면 되기
때문이다.

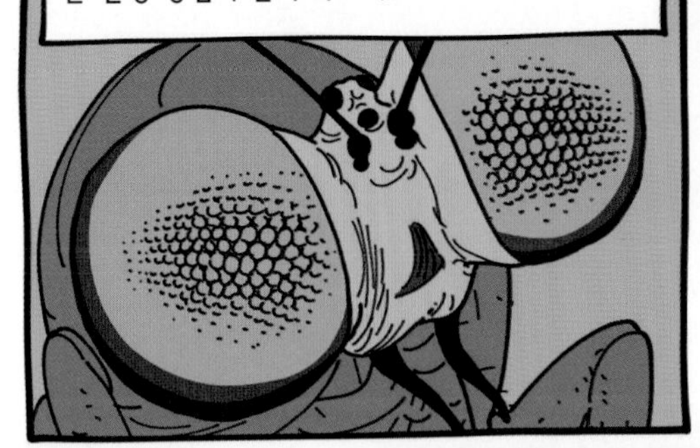
실제로 척추동물의 눈은 수정체를 가진 단안 구조이지만, 곤충과 같은 절지동물들은 작은 눈을 여러 개 겹쳐 커다란 눈을 만드는 복안으로, 눈 발생 방법이 전혀 다르다.

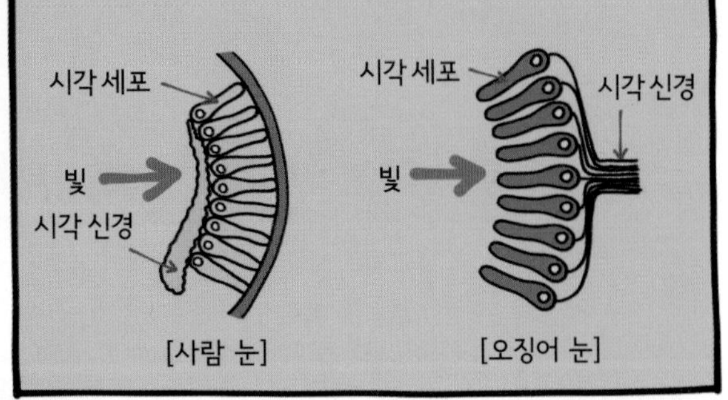
같은 단안 구조라고 해도 기원이 다를 수 있다. 사람의 눈과 오징어의 눈은 모두 단백질을 기반으로 하는 단안 구조이지만, 이들의 발생 과정은 다르다.
시각 세포
빛
시각 신경
[사람 눈]
시각 세포
시각 신경
빛
[오징어 눈]

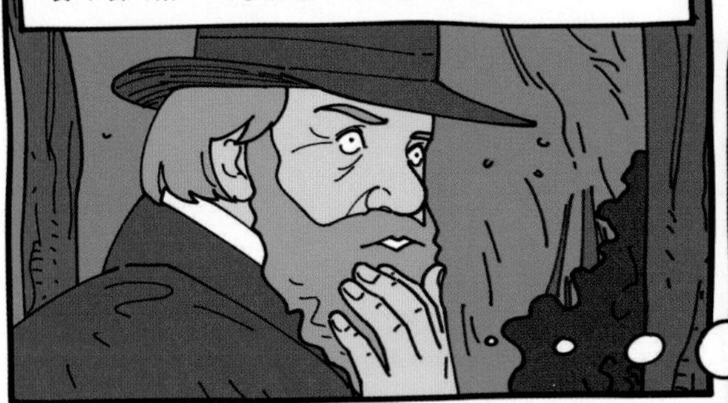
중요한 건 어떤 방법을 사용하든 눈이 만들어지는 순간, 빛이 찾아왔고 세상은 밝아졌다는 것이다.

하지만 지능과 마음은 그렇지 않다. 뇌와 눈을 가진 동물은 많지만, 지능과 마음까지 갖춘 동물은 인간이 유일하다.

다윈은 이것을 '영혼'의 존재 증거로 해석하기보다는 성 선택의 결과로 해석했다.

진화상 우연히 나타난 큰 뇌와 그 큰 뇌가 만들어 내는 추상적인 생각과 마음은 이성에게 매력적인 요소로 작용했을 거야.

이후 이런 특성이 진화적 압력이 되면서 마음의 발달에 가속화를 가져왔을 거야.
이런 관점에서 본다면, 인간의 뇌는 엄청난 고비용 기관이라고 할 수 있어.

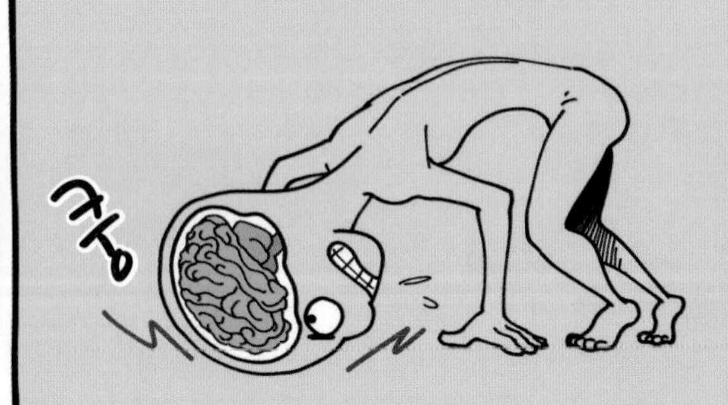
다윈의 말대로 성인의 뇌 무게는 몸 전체의 50분의 1에 불과하지만, 몸 전체가 필요로 하는 포도당의 4분의 1을 먹어치우는, 상당히 가성비가 떨어지는 기관이다.
쿵

에너지의 4분의 1을 50분의 1에 낭비하기 위해서는 이 부위가 이성에게 매력적으로 느껴지지 않으면 안 된다.
인간의 지능과 마음은 공작의 꽁지깃이나 닭의 벼슬처럼 인간에게 특화된 성 선택의 결과일 수 있다는 것이다.

인간은 선택되거나 축복받은 존재가 아니야.
아차… 내 총…
어쩌다 이렇게 만들어지고, 이렇게 존재하게 된 우연의 산물일 뿐이야.

거기다가 인간의 최대 자랑거리인 지능과 마음의 존재가 성관계와 번식을 위한 밑밥이었다니, 맙소사!
다윈은 인간의 유래를 밝히는 이론을 만드는 일에 힘을 모았다. 하지만 쉬운 일은 아니었다.

만약 동물과 인간이 하나의 조상에서 유래되었다면?
?
그리고 이 차이를 만드는 변이들이 매우 작은 것에서 시작되었다면 어떻게 그 작은 변이들이 이토록 큰 차이로 이어질 수 있을까?

물론 작은 변이들도 쌓이고 쌓이다 보면 커다란 차이로 드러나긴 하겠지. 마치 티끌 모아 태산을 만드는 것처럼 말이야.
그러기 위해서는 매우 오랜 시간이 필요해.

변이는 목적도 의도도 없이 우연하게 나타나는 현상이다.
푸드득
아까비
그래서 대부분의 변이들은 사라지고, 의미를 갖는 극소수만이 살아남는다.

1만 개의 변이들 중 단 한 개만, 그것도 '우연히' 선택된다면 그 1만 개의 변이들이 나타날 시간에 더해서 이렇게 선택된 변이가 세대를 건너 꾸준히 이어질 시간이 더 필요할 거야.

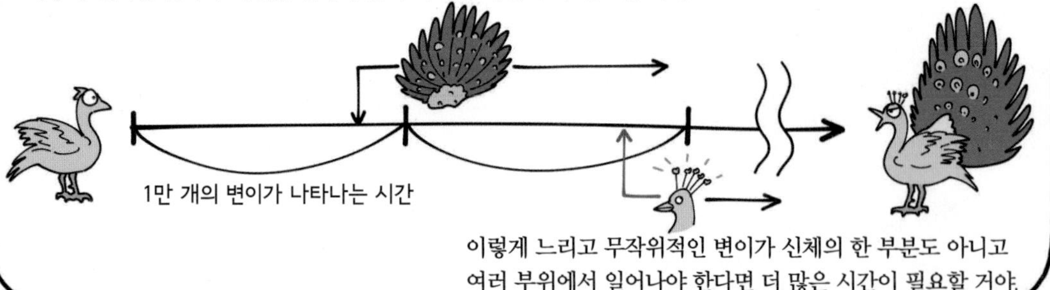
1만 개의 변이가 나타나는 시간

이렇게 느리고 무작위적인 변이가 신체의 한 부분도 아니고 여러 부위에서 일어나야 한다면 더 많은 시간이 필요할 거야.

당시 여러 물리학자들이 지구의 나이를 계산했는데, 1862년에 톰슨[2]은 지구의 냉각 속도를 계산해 수천만 년, 아무리 길게 잡아도 4억 년은 넘길 수 없다고 결론 내렸다.

지구가 지나치게 뜨거웠을 시기에는 생명체도 존재할 수 없었을 테니, 생물이 살 수 있는 최소 온도로 떨어진 이후부터 계산하면 아무리 길게 잡아도 생물의 역사는 1억 년을 넘을 수 없었다.

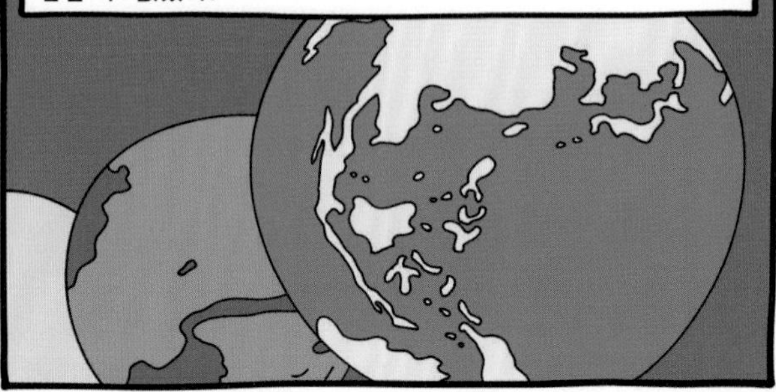

그런데 이 시간은 다윈이 주장한 '무작위로 일어나는 변이'가 선택되어 종을 분화시키기에는 너무 짧은 시간이었다.

다시 신의 섭리를 주장하는 이들의 목소리가 높아지기 시작했다. 이미 종이 변한다는 것 자체는 거스를 수 없는 대세였다.

그러나 종이 변하는 것 자체가 신의 뜻이었을 수도 있다는 생각이 힘을 얻었다.

신이 모든 생명체를 하나하나 만든 것은 아니지만, 기본적으로 생명체를 만든 뒤, "스스로가 위치한 곳에 가장 적합하도록 부지런히 변하면서 번성해라."라는 명령을 내렸다고 생각하는 이들이 등장했다.

사람들은 그랬다면 짧은 시간에도 충분히 변할 수 있을 것이라 믿었다.

누군가가 이런 질문을 한다고 치자.
가뭄이 들고 사막화가 진행되는 곳에 '우연히' 다른 작물보다 물을 더 오래 머금을 수 있는 식물이 나타날 확률과 '신의 뜻대로' 물을 머금도록 변한 식물이 나타날 확률 중 어느 것이 더 높을까?

당연히 '신의 뜻대로'지.
사람들은 우연은 결과를 보장하지 못하지만 신의 섭리는 확실성이 보장된다고 믿는 경향이 있다.

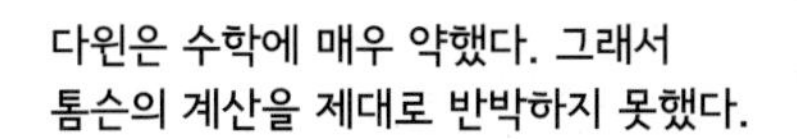
다윈은 수학에 매우 약했다. 그래서 톰슨의 계산을 제대로 반박하지 못했다.

물리학자들이 불쾌한 귀신처럼 진화론의 발목을 붙잡고 있군.

뭐라고?!!
이런 도전에 싸움닭 헉슬리가 가만히 있을 리 없었다.

톰슨이 측정한 시간은 문제가 많습니다!

조용히 해요!
당신은 '과학의 여왕'인 물리학의 명예를 훼손하고 있소.
무슨 근거로 물리학자들을 물어뜯는 거요?
몰지각한 사람 같으니라고….

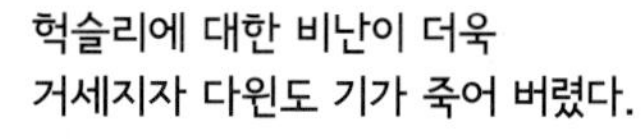
헉슬리에 대한 비난이 더욱 거세지자 다윈도 기가 죽어 버렸다.

….
게다가 월리스마저 다윈을 배신했다.

1869년 무렵

야만인들은 문명인들과 비슷하게 큰 뇌를 가지고 있지만, 이들의 사회 구조나 도덕심, 지적 능력들은 고릴라 수준에 불과한 것에 주목해야 합니다.

고릴라는 인간에 비해 훨씬 더 작은 뇌를 가지고 있습니다.

자연 선택이 쓸모없는 것을 허락하지 않는다면, 왜 야만인들은 쓸데도 없는 큰 뇌를 가지게 되었을까요?
그것은 '영적인 힘'이 존재하기 때문입니다. 인간의 뇌는 '영적인 능력'이 존재하는 부위를 가지고 있습니다.

그래서 인간의 뇌가 고릴라보다 큰 것입니다. 그 영적인 능력이 바로 인류를 구원할 힘입니다!!
월리스는 심령학에 빠져들어 영적인 힘에 매료되어 있었다.

과학적이어야 할 진화론에 초자연적 힘을 상정한 월리스의 행동을 두고 다윈은 '배신'이라고 생각했다.

그의 마음을 휘저은 건 월리스의 '배신'만이 아니었다. 다윈이 무척 아꼈던 동물학자 마이바트[3]도 있었다.

마이바트는 뛰어난 기술을 가진 해부학자여서 양서류의 근육 구조나 유인원의 골격에 대한 지식이 풍부했고, 다윈은 그에게서 많은 도움을 받았다.

다윈은 마이바트를 절대적으로 믿었고, 그가 '진화론의 가족'임을 믿어 의심치 않았다.
헉슬리 선생님, 다윈주의가 주장하는 인간 본성이나 도덕의 본질을 반박하는 논문을 발표할 겁니다.
뭐라고?!!

솔직하게 털어놔야 할 것 같아서요. 사실 전 모든 것을 다 받아들일 수가 없었어요.

허…
자네를 여기까지 끌어온 나로서는 섭섭함을 금치 못하겠네.

다운하우스에는 날마다 여러 가지 기상천외한 물품들이 든 자루를 짊어진 우체부들이 들락거렸다.
유럽에서, 아시아에서, 남미에서 이름 모를 조력자들이 진귀한 식물의 표본과 골격들을 보내 주었다.

그들은 오지에 사는 유인원과 야만인의 습성에 대한 관찰 결과를 보내 주기도 했고,
새로 발견된 특이한 동식물의 소식을 전해 주거나 순록의 뿔의 크기를 측정해서 보내 주기도 했다.

하나하나는 그다지 큰 의미를 갖지 않는 단편적 지식에 불과하지만, 이들 사이에서 논리적 연결 고리나 공통점을 찾아내면 이는 이론을 뒷받침하는 귀중한 증거 자료가 되었다.

다윈은 수없이 많은 자료를 선별해 분류하고 추론을 통해 이론을 찾아내는 것에 매우 능통한 사람이었다.

그렇게 '벽장 속의 진화론자'는 영국의 한 시골 마을에 앉아 전 세계를 둘러보고 가장 커다란 추론을 이끌어 냈다.

1869년 11월에 《네이처(Nature)》가 창간되었다. 앞으로 이 잡지는 X클럽 사도들에게 든든한 활동 무대가 되어 줄 터였다.*

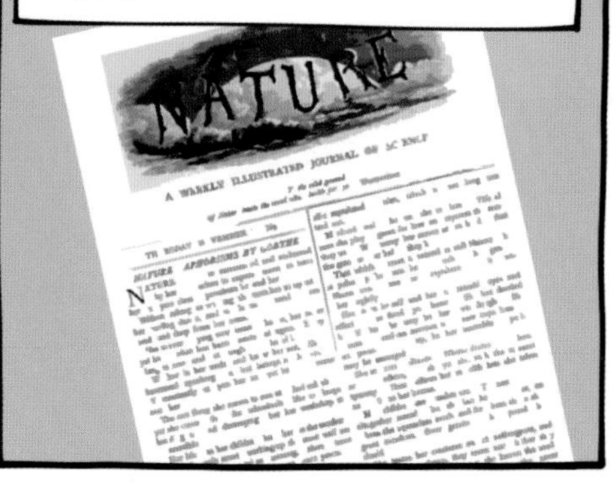
NATURE

* 1864년 헉슬리는 《자연사 리뷰(Natural History Review)》를 창간했으나, 재정 문제로 폐간한 바 있었다. 당시 그와 함께 활동하던 편집자인 노먼 로키어(Norman Lockyer, 1836~1920)가 1869년 편집장이 되어 만든 것이 《네이처》였다. 초대 편집장이었던 로키어는 사망할 때까지 무려 50년이나 편집장을 역임했으며, 반세기를 바친 로키어의 노력에 힘입어 《네이처》는 현재 세계에서 가장 권위 있는 과학 잡지 중 하나로 자리매김하고 있다.

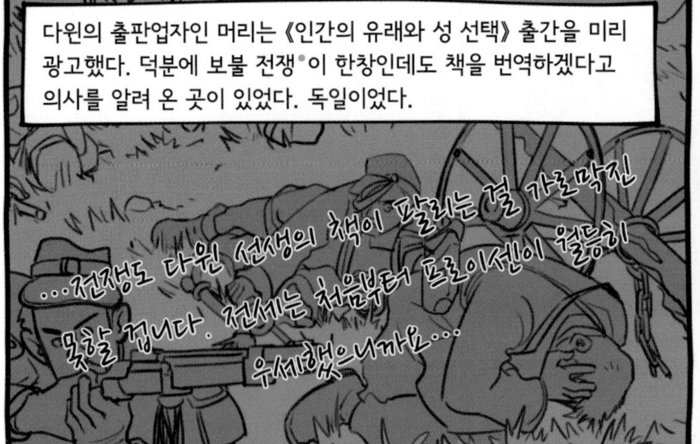
다윈의 출판업자인 머리는 《인간의 유래와 성 선택》 출간을 미리 광고했다. 덕분에 보불 전쟁•이 한창인데도 책을 번역하겠다고 의사를 알려 온 곳이 있었다. 독일이었다.
…전쟁도 다윈 선생의 책이 팔리는 걸 가로막진 못할 겁니다. 전세는 처음부터 프로이센이 월등히 우세했으니까요…

1871년 1월 하순
으윽

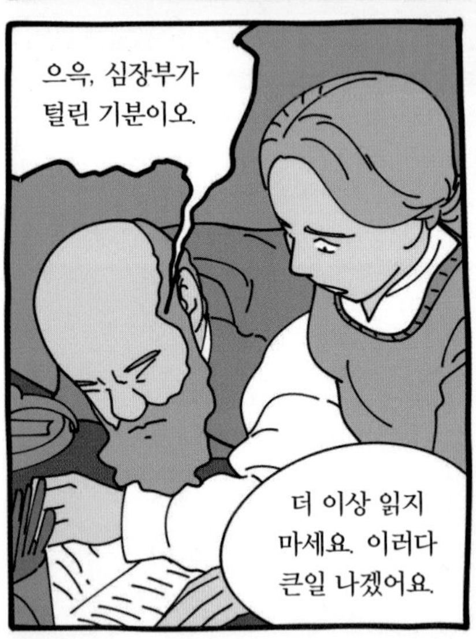
으윽, 심장부가 털린 기분이오.
더 이상 읽지 마세요. 이러다 큰일 나겠어요.

마이바트 씨가 이런 책을 쓸 줄이야….
《종의 기원에 대하여(On the Genesis of Speciese)》는 다윈 생전에 출판된 책 중에서는 가장 통렬한 자연 선택 비판서였다.
종의 기원에 대하여
세인트 조지 마이바트

제목부터 공격의 의도를 감추지 않았다. 마이바트는 다윈주의가 가진 약점을 잘 알고 있었기에 조목조목 짚으며 비수를 날렸다.
다윈은 믿었던 인물에게 발등을 찍힌 느낌이 들었고, 이는 그의 위장을 더욱 쓰리게 만들었다.

1871년 초 발간된 《인간의 유래와 성 선택》은 이런 관심 속에서 순식간에 초판이 매진되었다.

하하…
다윈 선생, 축하해요. 3주 만에 2쇄를 찍다니요.

• **보불 전쟁** 프로이센의 지도하에 통일 독일을 이룩하려는 비스마르크의 정책과 그것을 저지하려는 나폴레옹 3세의 정책이 충돌해 일어난 전쟁. 1871년 1월 파리가 함락됨으로써 프로이센이 승전했다.

아버지,
축하해요.

헨리에타,
네 덕이 크구나.
교정하느라
고생이 많았다.

《인간의 유래와 성 선택》의 출간은 《종의 기원》 이후 12년 만이었다. 그간의 논란으로 사람들이 진화나 자연 선택이라는 개념에 익숙해져서였을까. 출간 직후 사회적 관심과 파장은 《종의 기원》보다 더 잠잠했다.

뭐지
이 섭섭함은….

그럴 리가 없다고 생각한 다윈은 인쇄업자 존 머리에게 "종교계 신문들을 뒤져 보라."라고 말했을 정도였다.

하지만 이 책으로 다윈에게 가해진 비판의 날은 이전보다 더욱 날카로워졌다.

펄럭
휙

성 선택설과 자연 선택설과의 모순을 제대로 설명하지 못한 약점에,

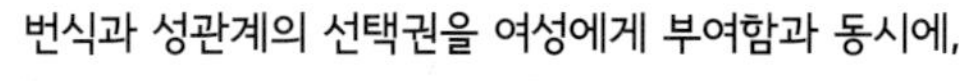

번식과 성관계의 선택권을 여성에게 부여함과 동시에,

지능과 마음을 성 선택의 결과로 설명해 남녀의 지능 차이를 공고화하는 근거가 된다는 모순적 구조가 누구나 씹고 뜯기 좋은 모서리들을 제공했기 때문이다.

학문적 반대파는 물론이거니와 진화론 동지들도 그를 비판했다.

● 헨리에타는 다윈이 쓴 많은 글을 읽고 교정하는 일을 도맡았다. 글솜씨가 있었던 데다 일종의 검열관 노릇도 겸했다. 다윈은 《인간의 유래와 성 선택》 원고 중 일부분이 완성되자 여행지에 있던 딸에게 보내 교정을 맡겼다.

다윈의 성 선택 이론은 외모에 대한 편견과 인종주의를 연상시킨다 해서 사회 각층의 모든 계급에게서도 골고루 볼멘소리를 들어야 했다.
어떤 이는 이 세상에서 다윈처럼 직업과 성별, 사회 각계층의 사람들에게 골고루 욕을 들은 사람은 없었을 것이라고 평하기도 했다.

1871년 9월, 셋째 딸 헨리에타가 결혼식을 올렸다.

다윈의 집사 파슬로가 참석하고,

리치필드의 노동자 대학 학생들도 몇몇 참석했지만,

다윈의 건강 문제로 피로연은 열리지 않았다.

다윈은 얼마 뒤 《종의 기원》 수정 · 개정판을 발간했다.
그는 이 책에서 처음으로 '진화'라는 단어를 사용했다.

그는 지금껏 공식적 저작에 이 단어를 쓰는 것을 매우 꺼렸다. 진화(進化, evolution)란 단순한 변화가 아니라, '더 나은 쪽으로의 변화'라는 뜻이 담겨 있기 때문이다.

다윈은 진화가 자칫 종의 변이가 낮은 단계에서 높은 단계로, 혹은 하등한 것에서 고등한 것으로, 열등한 것에서 우수한 것으로 발전해 나간다는 의미로 읽힐 가능성을 늘 걱정했다.

종에서 나타나는 변이들이 항상 그렇게 일어나는 것은 아니기 때문이다.

만약 모든 생물체가 '더 고등한 방면'으로 진화했다면, 지금쯤 지구상에는 단세포 생명체, 즉 세균들은 존재하지 않아야 한다. 그들은 가장 단순하고 하등한 존재이니까 말이다.

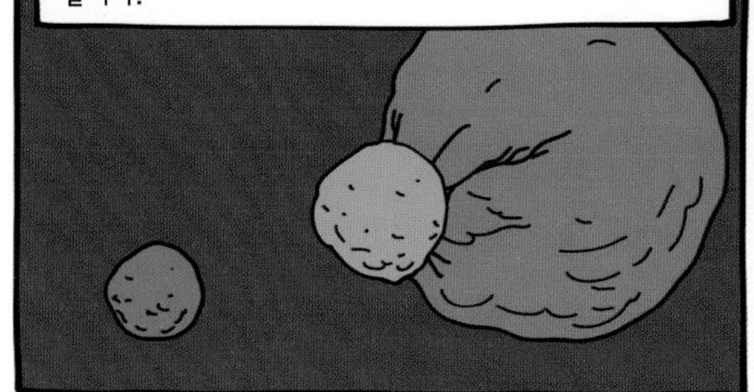

하지만 세균은 38억 년 전 생명 탄생 초기부터 태어나 지금까지 이어져 내려왔으며, 지금도 전체 생명체의 상당 부분을 차지하고 있다.

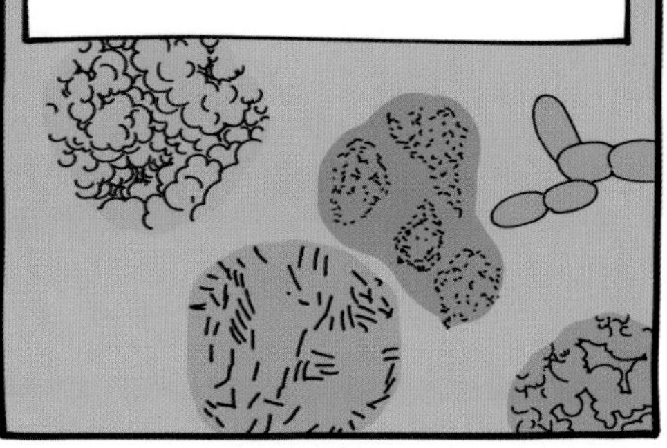

대세는 '진화' 개념으로 기울고 있었기 때문에 이 단어를 사용하지 않을 수 없었다.

그는 제발 사람들이 진화의 개념을 '발전'으로 오해하지 않기를 바랐다.

하지만 그의 걱정은 훗날 끔찍한 방법으로 현실화되고 만다.

1873년에는 칼 마르크스[4]가 《자본론(資本論)》에 '진정한 숭배자'라고 써서 부쳐 왔다.

Darwin Theory of Evolution

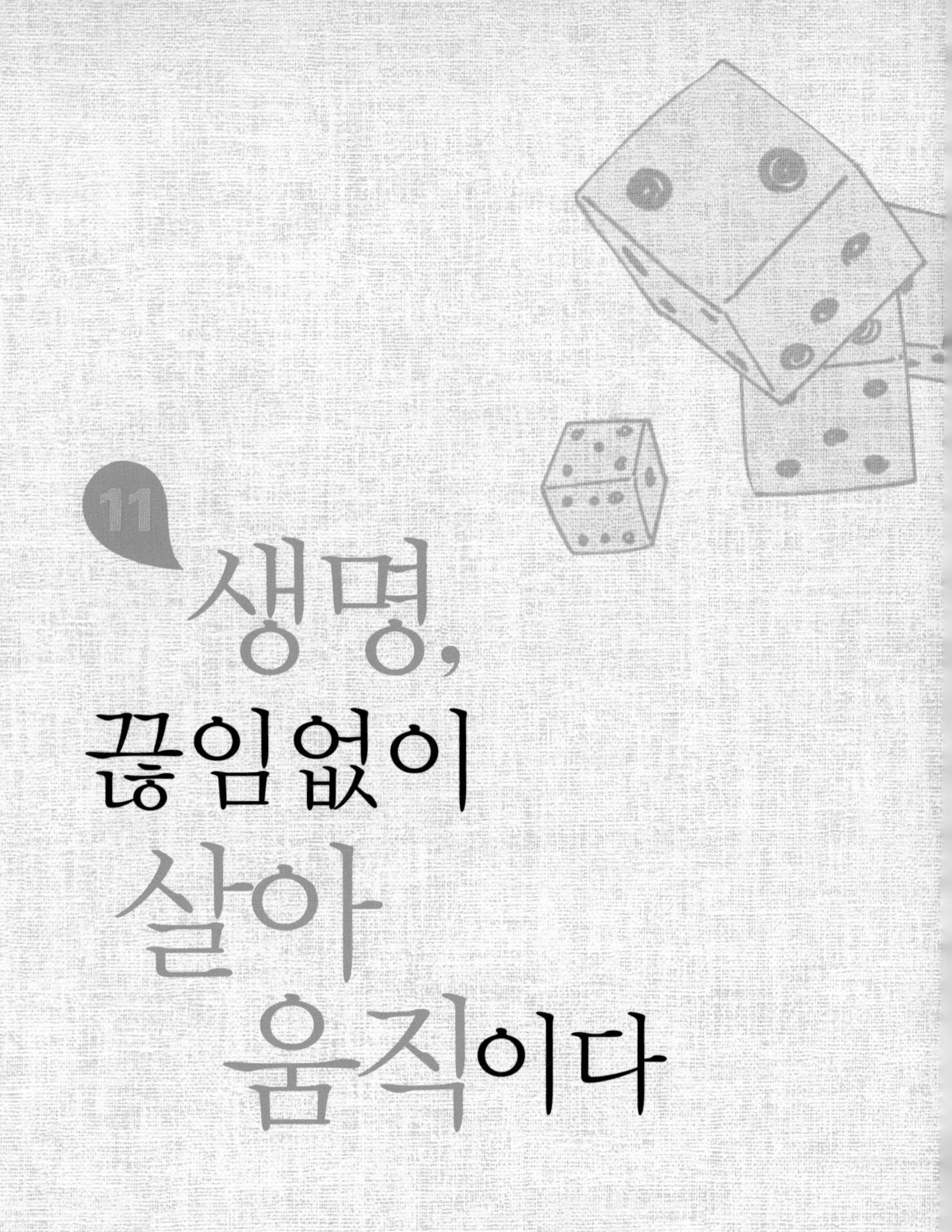

11

생명, 끊임없이 살아 움직이다

1872년 11월
콱

종 전체를 아우르며 커다란 밑그림을 그렸던 다윈은 책이 출간된 이후에 낮고 좁은 곳으로 관심을 돌렸다.
다윈이 지렁이에 관심을 보인 건 슈루즈버리에 살던 어린 시절부터였다.
어이쿠~ 너희는 예나 지금이나 여전히 부지런하구나.

지렁이가 다윈의 삶에 다시 들어온 건 비글호 탐사를 마치고 돌아온 1837년이었다.
찰스, 이 벽돌을 보렴.

당시 다윈은 외삼촌이자 훗날 장인이 되는 조사이어 웨지우드의 집에서 시간을 자주 보냈다. 조사이어는 다윈과 목초지 걷는 것을 무척 좋아했다.
몇 년 전에 두었던 것인데, 몇 인치나 땅속으로 밀려 들어갔어.
호오, 마치 흙이 벽돌을 빨아들인 것 같군요.

지렁이가 빨아들인 거지.

네? 그게 무슨 말씀인지?

이 목초지에는 지렁이가 아주 많이 살아.

지렁이들이 끊임없이 땅속을 돌아다닌 덕에 이 일대의 흙은 수시로 뒤섞여서 이렇게 몇 년만 지나면 땅 위에 놓아 둔 벽돌이 땅속으로 끌려 들어갈 정도란다.

게다가 지렁이 분변토는 어찌나 땅을 비옥하게 만드는지, 이렇게 지렁이가 많이 사는 땅에는 뭘 심어도 잘 자란단다.

정말 주변의 풀들이 더할 나위 없이 싱싱해요.

이 비옥한 토지를 만드는 것이 하잘것없는 지렁이라니…. 전 세계를 돌아다니며 진귀한 생물들을 질리도록 봤지만, 정작 내 발밑에 사는 지렁이를 자세히 들여다본 적은 없었어.

당시 사람들은 하찮은 지렁이가 농사의 가장 기본이 되는 비옥토를 형성한다는 것을 쉽게 받아들이지 못했다.

그 작은 지렁이가 흙을 먹고 뱉어 보았자 그게 얼마나 된다고?

다윈은 사람들의 부정적 반응에 매우 예민했고, 그런 사람들을 가능한 한 피하려고 했다. 그러나 집에 돌아오면 누가 뭐라던 자신이 싫증날 때까지는 절대로 그만두는 성격이 아니었다.

다윈은 무려 44년 동안이나 지렁이를 연구했고, 훗날 그 결과를 모아 《지렁이의 활동과 분변토의 형성》*이라는 책을 출간했다.

VEGETABLE MOULD AND EARTHWORMS DARWIN

* **《지렁이의 활동과 분변토의 형성(The Formation of Vegetable Mould Through the Action of Worms, 1881)》** 1837년부터 1845년에 걸쳐 지렁이의 역할에 대한 연구를 기록한 찰스 다윈의 책.

다윈은 이 책에 지렁이가 일 년간 얼마나 많은 흙을 먹고 분변토를 배출하는지를 분석한 결과를 썼다.
2
지렁이가 풍부하게 사는 땅은 일 년마다 0.3630센티미터 두께의 지렁이 분변토가 쌓인다. 땅 위에 분변토가 그만큼 쌓인다는 것은 지렁이가 그만큼의 흙을 먹고 땅속에 공간을 만들어 놓는다는 뜻이기도 하다.
인류는 오래전 쟁기를 발명하여 밭을 갈았지…. 하지만 인류가 출현하기 이전부터 토지를 경작해 온 생물이 바로 지렁이야.
생명의 역사 속에서 지렁이만큼 큰 역할을 했던 동물이 있을까?
후후…
다윈은 지렁이 외에도 식충 식물 연구에 많은 시간을 할애했다.
식물은 동물에게 먹히고 동물은 식물을 먹는다는 것이 생태계의 기본이야.
하지만 이 도그마를 깨고 동물을 잡아먹는 식물도 존재하지.
후후…
동물을 잡아먹는 식물이 실존한다는 사실을 공식적으로 학계에 처음 보고한 사람이 바로 다윈이다.
당시 큐 식물원 책임자로 다윈이 도움받을 수 있는 후커가 있었던 것도 연구에 큰 도움을 주었다.

끈끈이주걱
샘털(선모)을
오므라들게 하는 게
뭘까?
오줌?
알코올?
아니고.
아니야….
홍차?
아니지!
….
잠깐!
얘가 뭘 소화할 수
있지?
벌떡
파슬로,
가서 소고기 좀
가져오게나.
아이고
허리야
이런! 동물처럼
소화액을 내놓다니!
내 위장보다 소화 능력이
낫구먼. 허허.
역시 독에는
장사 없군.
….
시들…

● 《인간과 동물의 감정 표현(The Expression of the Emotion in Man an Animals, 1872)》 감정적인 행동 양식에 대한 생물학적 측면을 저술한 찰스 다윈의 책.

《인간과 동물의 감정 표현》• 도
5,000부 넘게 팔렸으니 동물을
잡아먹는 식물에 관한 책을
출간한다면 더 좋아하겠지?

책 제목은… 커다란 통발은
작은 쥐도 잡아먹을 정도이니
'육식 식물'?

아니야. 그랬다간 사람들이
이빨 달린 괴물 식물을 떠올리며
오해할 수도 있어.

곤충을 먹는다는
의미로 '식충 식물'로
하는 것이 가장
적당하겠군.
INSECTIVOROUS
PLANTS
DARWIN
다윈은 1875년에 《식충 식물》•
이라는 책을 통해 동물을
잡아먹는 식물의 존재를
세상에 알렸다.

다윈은 출판계의 미다스 손이었다.
그의 이름만 붙어 있으면 아무리
이상한 주제도 크게 인기를 끌었다.

1872년 12월 크리스마스 일주일 전, 에마는 다윈을
형 이래즈머스의 집으로 보냈다. 그녀는 다윈의 건강에
조금이라도 이상 징후가 보이면 어디든 보내 일을
못 하게 막았다.
건강이 좋지 않아
유언장을 작성해 둬야
할 것 같아.
허허, 미리
대비를 해 두는 것도
좋지….

다윈은 근친결혼으로 태어난 열 명 아이들의
건강을 늘 염려했다. 셋을 먼저 보냈지만 나머지
일곱 아이들은 무사히 자랐는데,
에마의 공이 컸다.

에마는 5개국어에 능통하여 유럽 여러
나라에서 발간된 논문과 자료들을
번역해서 남편의 연구에 큰 도움을 주었다.

• **《식충 식물(Insectivorous plants, 1875)》** 자연 선택 이론에 대한 증거 중 하나로 척박한 환경에서 살아가기 위해 곤충들을 잡아먹도록 적응된 식물들을 관찰한 찰스 다윈의 책.

장남인 윌리엄(1839~1914)은
케임브리지의 크라이스트 칼리지를
졸업한 뒤 은행가로 일했고,
1877년 동갑내기 미국 아가씨인
사라 세지윅과 결혼해서
가정을 꾸렸다.

에티(Etty)라는 애칭으로 불렸던 헨리에타
(1843~1927)는 글솜씨가 뛰어나 아버지가 책을 쓸 때
많은 도움을 주었다.
그녀는 훗날 아버지 찰스 다윈과 증조할아버지인
에라스무스 다윈의 전기를 직접 편찬하기도 했다.

어머니의 외모와
아버지의 과학적
재능을 물려받았던
조지 하워드
(1845~1912)는
케임브리지의 트리니티
칼리지를 졸업했다.

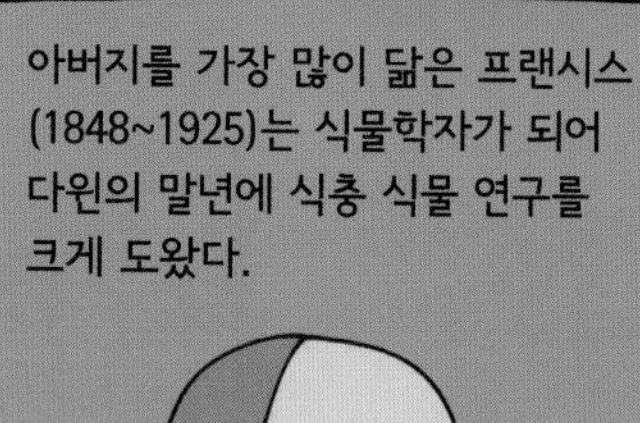
그는 변호사로 일하면서
우생학과 천문학, 수학자로도
이름을 알려 1879년 왕립협회
회원으로 선출되었으며,
1911년에는 코플리 메달을
수상하기도 했다.

엘리자베스(1847~1926)는
결혼도 하지 않고 조용한
삶을 살았으며,

아버지를 가장 많이 닮은 프랜시스
(1848~1925)는 식물학자가 되어
다윈의 말년에 식충 식물 연구를
크게 도왔다.

레너드(1850~1943)는 군인이자
정치가, 경제학자로 활발한
활동을 펼쳤다.

호레이스(1851~1928)는
건축가와 토목기사가 되었다.

다윈의 일곱 아이들은 모두 제 몫을 하는 훌륭한 신사 숙녀로 자랐다.
엘리자베스를 제외한 여섯 명은 자신의 동반자를 만나 결혼을 했다.

아이들은 어른이 되고 다윈도 늙어 갔지만
그의 호기심은 여전히 왕성했다.
《종의 기원》에서 제대로 풀지 못한 난제가 바로 '제뮬'이야.
다윈은 생물체의 몸을 구성하는 모든 세포들은 각각 제뮬을 만들고
이 제뮬이 한데 모여서 새끼를 만든다고 생각했다.

그러므로 갓 태어난 새끼도
어미와 동일하게 눈, 코, 입, 사지 및
내장 기관을 모두 가질 수 있지.

다윈과 그의 사촌이자 우생학 이론의 창시자 골턴은 제뮬과
범생설을 증명하기 위해 다양한 실험을 시도했다.

순혈종의 실버 그레이종 암수 토끼에 다른 종의 토끼에서 추출한 혈액을 주입하고 번식시켜 보자고.
만약 신체의 모든 세포가 제뮬을 만들어 낸다면 혈액 속에도 제뮬이 있을 거예요.

순혈종의 토끼(A)에 다른 종 토끼(B)의
혈액을 수혈하면 B의 혈액 속에 존재하던
제뮬이 A의 몸속으로 옮겨져 자손들에게
전달될 거예요.

B
B
A

그러면 비록 직접적인 짝짓기를 하지 않더라도, 일부는 혼혈인 개체가 태어날 거야.

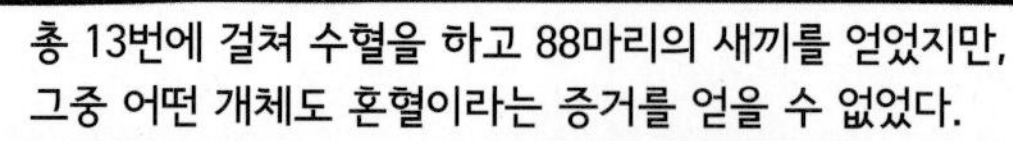
총 13번에 걸쳐 수혈을 하고 88마리의 새끼를 얻었지만, 그중 어떤 개체도 혼혈이라는 증거를 얻을 수 없었다.

아무리 수혈을 많이 해도 순혈종의 실버그레이 암수는 역시 순혈종의 실버그레이 새끼를 낳을 뿐이었다.

실험 결과는 범생설을 완벽하게 부정하는 군요.

아무래도 자손의 성질은 부모의 몸에서 일어난 변화가 대물림되는 게 아닌가?● 하지만….
믿고 싶지 않아!
특히 정신 능력을 담당하는 제뮬은 반드시 있어야 해!

음… 제뮬이 일부 특정한 기관, 즉 생식 기관에만 모여 있는 것은 아닐까?

그래야 부모에게서 자식으로 이어지는 관심사, 취미, 정신적 능력을 설명할 수 있다….
알다시피 제뮬 같은 건 존재하지 않는다는 것이 나중에 밝혀졌다. 후손을 만드는 데 관여하는 모든 정보는 생식 세포에만 집중되어 있다.

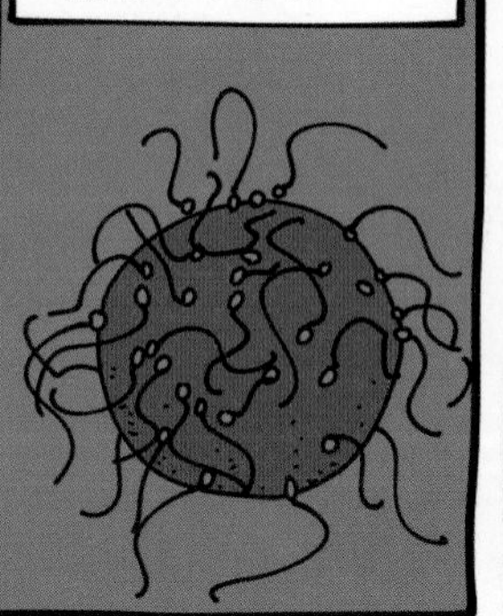
그러므로 생식 세포에 돌연변이가 생겨나는 경우에만 후손은 변이를 대물림하게 된다.

바쁘게 살아가던 다윈에게 기쁜 소식이 날아들었다.

● 다윈은 이를 사용유전(使用遺傳)이라 불렀다. 라마르크가 주장한 용불용설(用不用說)과 비슷한 개념이다. 이후 확인된 사실에 따르면, 사용유전이나 용불용설은 폐기되었고, 제뮬을 이용한 범생설 역시 제대로 된 설명이 아니었다. 인간을 구성하는 신체적 정보는 DNA라는 화학 물질이 구성

오, 세상에….
프랜시스의 아내가
임신(5개월)했다는군.
그래요?
축하합니다.
다윈의 형에게는 자식이 없었고, 프랜시스보다 손위 형제 모두 아이를 낳지 못했기 때문에 이 아기는 다윈의 첫 번째 손주이자 다윈가의 이름을 물려받을 후계자가 될 예정이었다.

어때요,
기분이?
참 묘한걸, 허허. 자식을 낳을 때는 젊고 살아갈 날이 많다고 생각하기에 미래를 꿈꾸지만,

지금은 살아온 날들이
남은 날들보다 더 많다는
생각에, 지난 삶을 되돌아
보게 되는군.

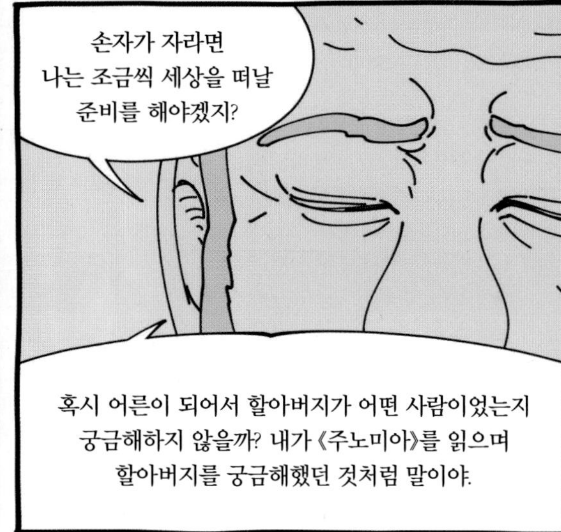
손자가 자라면
나는 조금씩 세상을 떠날
준비를 해야겠지?
혹시 어른이 되어서 할아버지가 어떤 사람이었는지 궁금해하지 않을까? 내가 《주노미아》를 읽으며 할아버지를 궁금해했던 것처럼 말이야.

가족들에게
해 주고픈 이야기를
써 두어야겠어.

1876년 5월 28일,
다윈은 자서전을 쓰기 시작했다.
이날 이후 다윈은 거의 매일 오후
한 시간 동안 자서전을 집필했다.
이 기록은 출판하지
않을 거야.

하는 유전자에 의해서 결정되며, 체세포에 일어나는 변이는 유전되지 않으며 오로지 생식 세포에 변이가 생겼을 때만 이것이 유전된다는 사실을 우리는 알고 있다. 하지만 아직 유전자의 개념조차 몰랐던 당시의 상황에서 다윈은 자신의 생각을 포기하기가 쉽지 않았다.

그냥 내 손자들이
이 글을 읽고 나를
기억해 주면 좋겠어.
내 정신과 성격의 발달에 대한 회상

1876년 9월 7일,
드디어 다윈의 첫 손자 버나드 다윈이 태어났다. 건강한 사내 아이였다.
67세에 처음 손자를 본 다윈의 기쁨은 매우 컸다.
하지만 다윈의 가족은 새로운 다윈을 만난 것을
온전히 기뻐할 수 없었다.

버나드를 낳은 에이미가
산욕열●에 걸려 아이를
낳은 지 나흘 만에 세상을
떠났기 때문이다.

내가 두려워한 것은
에마가 먼저 가고
혼자 남는 거였어.

그런데 그런 일이
프랜시스에게
닥치다니….
서걱

슬픔을 이기지 못한 프랜시스는
갓난아이 버나드를 데리고 다운하우스로
돌아왔고,
다윈은 비통에 찬 아들과 손자를
위해 다운하우스를 증축해서 새로운
침실을 꾸며 주었다.

프랜시스가 다운하우스로 들어온
계기는 좋지 않았지만, 결과적으로
이는 다윈에게 도움이 되었다.

● **산욕열(産褥熱, puerperal fever)** 여성이 출산 또는 유산 과정에서 상처를 입은 생식기를 통해 세균 감염이 발생한 경우를 말한다. 산욕열에 걸린 산모는 고열이 나기 시작하다가 대부분은 패혈증으로 번져 사망한다. 상처 소독의 개념이 희박했고, 항생제가 개발되기 이전 시대에 산욕열은 여성들의 주요 사망 원인 중 하나였다.

식물학자인 프랜시스는 다윈에게
남은 아들 다섯 중 자연에 대한
호기심을 가장 많이 간직한 아들이었다.

원래부터 건강이 좋지 않았고
나이까지 든 다윈에게 프랜시스의
도움은 긴요했다.
그 무렵, 다윈은 밤이 되면 마치 잠을 자는 것처럼
잎을 접는 식물에 관심을 가졌다.

그는 수십 개의 화분에 식물을
심고, 햇빛의 노출 여부와 잎사귀
접힘의 상관관계를 연구하고 있었다.

100
50
40

프랜시스는 아버지 곁에서
화분들을 옮기고, 잎사귀의
접힘 정도를 관찰하고 기록하며
아버지를 도왔다.

1877년 11월 17일
케임브리지 대학

입학 선서를 한
이후 50년 만에
와 보는군.
명예 법학 박사
학위라니… 껄껄.
재미있지 않아요?

감사합니다.

와아!
와아!

….
휘익~
휘익~

축하연에는 가지 말고 가서 쉽시다. 몹시 피곤하구려.

그러세요, 여보. 저도 머리가 아프네요.

1878년 3월

현기증 발작, 위장 발작은 더 견딜 수 없을 만큼 고통스럽소.

선생님, 이 약을 드시고, 이번에는 평소보다 물 섭취량을 줄여서 변화가 있는지 보지요.
그리고 이제부터 진찰료는 받지 않겠습니다.●

● 진찰료를 내지 않는 대신 다윈은 클라크가 관여하는 육종 개발에 장려금 명목으로 100파운드를 기부했다.

1881년,
일흔이 넘은 다윈은 빨리 지치고 쉽게 피로해졌다.
zzZ

몇몇 가족도 마찬가지였다. 에마의 오빠이자 사촌 형이자 누나의 남편이었던 조사이어가 쓰러졌고, 누나 캐롤라인이 심장병으로 쇠약해지고 있었다.

평생 독신으로 살던 형 에라스무스도 세상을 떠났다(1881년 8월 26일).

다윈은 여전히 실험과 관찰을 열심히 했고, 글 쓰는 일 또한 게을리하지 않았다.

그는 할아버지의 전기인 《에라스무스 다윈》(1879)[*] 을 썼고, 《식물의 운동》도 집필했다.

땅 위를 기어 다니다시피 하며 관심을 가졌던 '지렁이'도 열심히 연구했다.

같은 해 9월 27일
여보, 에이블링[1]이 보낸 전보예요.

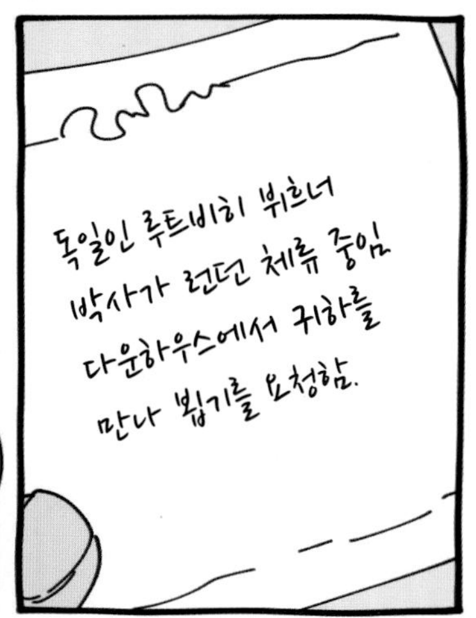
독일인 루트비히 뷔흐너 박사가 런던 체류 중임 다운하우스에서 귀하를 만나 뵙기를 요청함.

뷔흐너[2]가 나를 만나고 싶다는군. 그는 다비니스무스를 열렬히 지지하는 사람이지만 철저한 무신론자인데…. 당신 뜻은 어떠하오?

* **《에라스무스 다윈》** 독일 작가 에른스트 크라우제가 이래즈머스에 관해 쓴 에세이가 독일 과학 잡지 《코스모스(Kosmos)》에 실렸는데, 다윈이 이 글을 읽고 크라우제에게 연락해 자신이 할아버지의 전기를 써서 덧붙여 영역해 출간하자고 제안했던 책이다.

당신 입장이
난처하지 않도록
이렇게 하면
어떨까요?

교구 목사 이네스도
초대하는 거지요.
그러면 뷔흐너 박사는 영어로
얘기할 수밖에 없을 테고,
목사가 있으니 민감한
이야기는 피할 수
있을 거예요.

다음 날

친절한
성직자
복음주의자
아내
다윈의 아들들
두 명의 무신론자
자연학자+중도 탈락한
성직자+불경한 주장들을
내뱉은 악마의 사제!
꺽!

뷔흐너 박사, 방문해 주셔서
영광입니다. 이쪽 브로디 이네스,
우리 교구의 목사이자 저와는
삼십 년 지기지요.

이네스와 내가 이처럼 오랜
인연을 이어 오고 있는 것도
기적 중 기적이지요.
우린 웬만한 일에서도
의견 일치를 본 적이
별로 없으니까요. 허허허.

둘 중 하나는
악마임이
틀림없을
겁니다.
하하하

선생님, 지렁이를 40년이나 연구하고 계신다고 들었는데, 지렁이가 그만 한 가치가 있나요?

허허, 하찮은 것을 통해 거대한 것을 설명하는 원리를 발견할 수 있다네.

1881년 10월, 《지렁이》● 역시 출간 몇 주만에 수천 부의 판매고를 올렸다. 그러나 다윈은 유명세를 치를 체력이 남아 있지 않았다.
쪼르르르

호레이스의 집
고맙구나, 아가.

아버지가 이렇게 피신하실 정도라 유감이지만, 책 반응이 좋아서 그런 것이니 기분은 좋네요.

너희 아버지에게 지렁이는 각별하지. 아버지가 비글호 항해를 마치고 돌아오신 지 얼마 되지 않았을 때였어.

그때 아버지가 영국과 프랑스 사이 도버 해협의 하얀 절벽은 물고기가 만든 것 같다고 말씀하셨단다.

그리고 엉뚱하게 들리는 말씀도 한마디 하셨어.
"수백만 년 동안 물고기가 절벽을 만들 수 있다면, 지렁이가 자갈밭을 목초지로 만들 수도 있지 않을까?" 하고 말이야.

● 원제는 '지렁의 활동에 의한 분변토의 형성과 지렁이 습성의 관찰(The Formation of Vegetable Mould through the Action of Worms, with Observations on their Habits)'이다. 다윈과 에마가 《지렁이》 출간 이후 날아드는 편지를 감당하지 못해 호레이스의 집으로 피신했던 것은 사실이나 이 대화가 이날 이뤄진 것은 아니다. 독자들에게 책을 둘러싼 지난 이야기들은 알려 주기 위해 이 장면에 삽입하였다.

지렁이 때문에 스톤헨지에도 갔단다.
아버지는 이 유적이 허물어진 데도
아주 오랜 시간에 걸쳐 지렁이의 역할이
있을 거라고 보신 거지.

하하하, 아버지다운 생각이에요.

아버님, 아이 이름은 이래즈머스로 정하면 어떨까요?

좋아, 좋아. 형님이 살아 계셨더라면 나보다 더욱 기뻐했을 텐데…. 잘 정했구나.

1882년 새해 아침
할아버지, 아침을 먹었으니 산책하러 가야죠.

허허, 그래. 할아버지가 아주 느리니까 조금만 기다려 주려무나.

같은 해 2월

3월
콜록
콜록

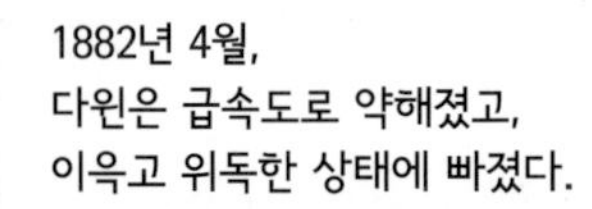
1882년 4월,
다윈은 급속도로 약해졌고,
이윽고 위독한 상태에 빠졌다.

● **웨스트민스터 세인트 피터 성당 참사회(Collegiate Church of St. Peter in Westminster)** 간략하게 웨스트민스터 사원(Westminster Abbey)은 런던 웨스트민스터에 있는 고딕 양식의 거대한 성공회 성당으로, 웨스트민스터 궁전과 인접해 있다. 전통적으로 이곳은 영국 왕의 대관식 등 왕

내 사랑 에마,
나는 죽는 것이 조금도
두렵지 않다오.
4월 19일 오후 4시 무렵,
다윈은 아들딸과 아내 에마가
지켜보는 가운데 숨을 거두었다.

에티 고모가
왜 울어요?
할아버지가
많이
아파서요?

아니, 할아버지는
더 이상 아프지
않으실 거야.
할아버지는 이제
더 이상 아프지
않아도 되는 병에
걸리셨거든.

다음 날 헉슬리가
부고 편지를 받았다.
훌쩍
《네이처》에
부고를
써야겠군….

신문들은 다윈이 다운의 세인트메리 교회 묘지에
묻힐 것이라 보도했다.
이곳은 다윈 가족의 가족묘로, 다윈은 이곳에서
사랑하는 애니와 든든한 형인 에라스무스 사이에
묻힐 예정이었다.

어?!
뭐라고?
세인트
메리?

선생님을
거기에 묻을 순 없어!!

골턴도 다윈의
아들들이 보낸
부고를 받아 보고
같은 생각을 했다.

선생은 더
많은 영예를
누릴 자격이
있는 분이다.

아무래도
그분께 편지를
써야겠어….

윌리엄 스포티스우드 왕립학회 회장님에게 호소합니다.
우리 대영제국의 발전에 공헌한 과학의 사제 찰스 윌리엄 다윈의 타계에 즈음하여 그의 장례에
앞서 그가 웨스트민스터 대수도원•에 매장되는 것이 그의 공적에 합당한 나라의 응답이라고
생각합니다.

실 행사를 거행하거나 왕실과 국가적 주요 인사들이 매장되는 장소이기도 하다. 따라서 웨스트민스터 사원에 안장된다는 것은 커다란 명예임과 동시에 국가가 그를 인정함을 증명하는 셈이다.

또한 위대한 선생의 업적에도 불구하고 그의 가족은 가문의 전통과 지식인의 겸양에 따라 조촐한 장례식을 계획하고 있으며, 세인트메리 교회의 가족묘에 선생을 매장하려고 하오니, 회장님이 가족들을 설득해 주셨으면 합니다.
늦지 않도록 가족의 동의를 구하시어 장례식이 순조롭게 거행될 수 있도록 힘써 주시길 바랍니다.

흠, 주요 보수 신문들이 청원 기사를 쓰도록 영향력을 행사할 사람을 찾아야겠군.

4월 22일,
보수지 《스탠더드》가 그런 기사를 게재했다.
이후 몇몇 신문이 비슷한 기사들을 실었다.

기사를 읽은 시민들은 그가 뉴턴 경에 버금가는 업적을 세웠으니 기사 작위를 추서해야 한다고 말하곤 했다.

다윈의 친구들이 여러 곳에 청원하고 설득한 덕분에 매장지는 웨스트민스터 사원으로 바뀌었다.

이에 따라 장례 절차도 바뀌었다. 가족들과 다운하우스 일대의 주민들은 반대했지만, 대세를 바꿀 수 없었다.

1882년 4월 26일 수요일, 웨스트민스터 사원
위대한 자연학자의 마지막 가는 길을 보기 위해 수많은 사람이 몰려들었다.

또 과학계 학자들과 목사, 공작, 미국 대사도 참석했지만….

에마는 국장에 불참했다. 그녀는 다운하우스에서 남편을 더 가까이 느낄 수 있었다.

"지혜를 찾는 자와 명철을 얻는 자는 복이 있나니."

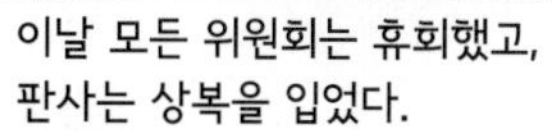
이날 모든 위원회는 휴회했고, 판사는 상복을 입었다.

다윈의 유해는 위대한 물리학자 뉴턴의 기념비와 또 한 사람의 은사인 라이엘 경 사이에 묻혔다.
HERSCHEL
CHARLES ROBERT DARWIN
BORN 12 FEBRUARY 1809
DIED 19 APRIL 1882

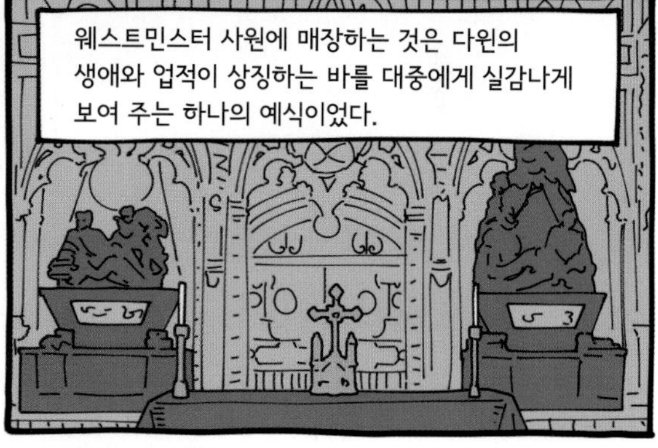
웨스트민스터 사원에 매장하는 것은 다윈의 생애와 업적이 상징하는 바를 대중에게 실감나게 보여 주는 하나의 예식이었다.

사회는 이제 결코 예전 같지 않았다.

악마의 사제는 자신의 할 일을 다 하고 다시 흙으로 돌아갔다.

나머지는 남은 자들의 몫이 되었다.

뭐? 방금 뭐라고 했지?

와구

2006년 6월 24일, 오스트레일리아 선샤인 코스트에 있는 동물원
텁
텁

와! 저기 봐!
해리엇이 꽃을 먹고 있어!

….

그만 먹고 우리랑 놀자~

예나 지금이나 아기들은 왜 나한테 똑같은 짓을 할까?
그만 밀어…

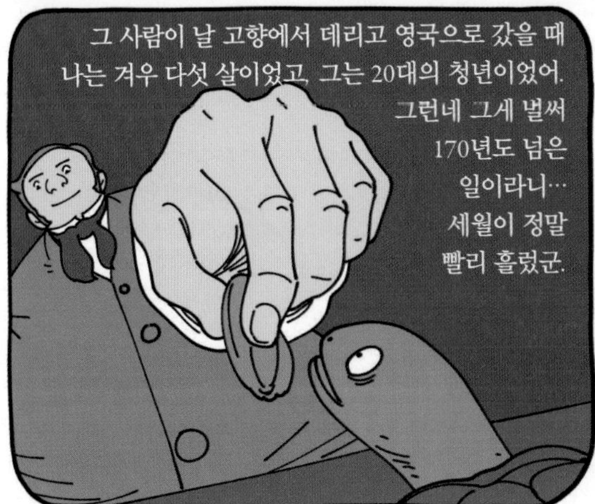

그 사람이 날 고향에서 데리고 영국으로 갔을 때 나는 겨우 다섯 살이었고, 그는 20대의 청년이었어. 그런데 그게 벌써 170년도 넘은 일이라니… 세월이 정말 빨리 흘렀군.

그 사람은 그 뭐라나, 진화론이라던가. 그래 진화론. 모든 생물은 하나의 조상에서 태어나 각자 처한 환경 속에서 자연의 손에 의해 선택되어 지금과 같은 모습을 지니고 살아오게 되었다고 말했지.

나 같은 거북도, 그 사람이나 당신 같은 사람도,
지금 내가 먹고 있는 꽃도. 아주 오래전에는 바닷속
어딘가에서 떠다니고 있던 생명체로부터
시작된 것이라지?

어려운 이론이야 난 잘 모르지만, 이만큼
살다 보니 산다는 건 자리바꿈 같다는
느낌이 드는군.

이 히비스커스 꽃잎이 내 몸으로 들어와 내 피가 되고
살이 되듯이, 내가 죽어 땅으로 돌아가면 히비스커스가
되어 다른 친구들의 몸속으로 들어갈 수 있겠지.

내가 움직일 수 있어서 히비스커스보다
더 뛰어나다거나, 당신이 나보다 빠르다고 더 잘난 건
아니라는 말이야. 그냥 우린 다른 것일 뿐, 우린 모두
살아 있는 생물이거든.

난 믿어. 결국 생명이란 어디에 있든 자신이 서 있는
곳에서 가장 적합하도록 모습을 바꿔서 끊임없이
살아가리라는 것을 말이야. 그게 아마도 그 사람이
하고 싶었던 마지막 말은 아니었을까?

….

다윈의 거북 해리엇이 세상을 떠났을 때
나이는 176세였다. 사인은 노화로 인한
심장마비였다.

부록

다윈 이후의 진화론

찰스 다윈의 생애

함께 읽으면 좋은 책

다윈의 진화론과 그의 사람들

찾아보기

다윈이 일찍이 알아낸 바에 따르면, 생물체들은 거의 늘 '감당할 수 있는 것보다 많은 수의 자손'을 낳는다. 부모든 환경이든 간에 말이다. 성장한 개복치 한 마리는 약 3억 개의 알을 낳는다. 그럼에도 바다가 개복치로 넘쳐나지 않는 이유는 3억 개의 알들 중에서 다시 알을 낳을 수 있을 만큼 성장하는 개체는 한두 마리에 불과하기 때문이다. 나머지는 알이나 유충인 상태에서 다른 개체에 잡아먹히거나 다른 이유로 죽어 유전자를 남기는 데 성공하지 못한다.

지극히 효율이 떨어지는 방법이다. 하지만 이렇게 많은 후손은 필연적으로 다양한 변이를 동반하게 마련일 테고, 다윈은 이런 변이들이 환경 적응에 영향을 주어 살아남는 데 효율적인 개체가 '자연의 손'에 의해 선택되었을 것이라고 주장했다. 즉 다윈은 생물 진화의 원동력을 자연 선택(natural selection)으로 보았다.

다윈은 생물 종에게서 변이가 어떤 식으로 나타나고, 그것이 어떻게 후대로 전해지는지까지는 알지 못했다. 이후 유전 법칙을 처음 알아낸 멘델(Gregor Mendel, 1822~1884), 그리피스의 폐렴 구균 실험을 정교하게 통제해 유전 물질이 단백질이 아니라 염색체임을 확인한 오즈월드 에이버리(Oswald Avery, 1877~1955)[1], 초파리에 X선을 쬐어 인위적으로 돌연변이를 유도해 염색체 위의 유전자 역할을 알아낸 토머스 헌트 모건(Thomas Hunt Morgan, 1866~1945)[2], 그리고 염색체를 구성하는 DNA의 구조를 밝혀 유전 물질이 지닌 마지막 베일을 벗겨 낸 왓슨(James Watson, 1928~)[3]과 크릭(Francis Crick, 1916~2004)[4] 등에 의해 변이의 발생 및 변이의 유전 현상에 대한 커다란 밑그림이 그려졌다. 그리하여 진화는 유전 물질에 생긴 변이가 수많은 세대 동안 거듭되어 누적되고 선택되면서 점차 다른 종들로 분화되는 '사실'임이 증명되었다. 이른바 다윈의 진화론이 유전학, 발생학, 분자생물학 등 다양한 생물학적 성과들과 만나 근대적 종합을 이루어 낸 것이다.

하지만 이후 진화론은 크게 두 개의 큰 갈래로 갈라지고 만다. 하나는, 진화는 유전자의 선택에 달려 있다는 유전자 선택설이다. 다윈이 죽고 난 뒤에도 진화론은 더욱 굳건해지고 있었으나, 여전히 메울 수 없는 빈틈들이 남아 있기는 했다. 가장 커다란 빈틈은 자연 선택설로 설명할 수 없는 빈틈이다. 자연 선택은 기본적으로 생물체의 경쟁을 바탕으로 하고, 경쟁은 자연스레 이기적 존재들을 만들어 낸다. 하지만 생물이 반드시 이기적으로만 행동하는 것은 아니다. 어미새는 천적이 다가오면 일부러 다친 척해서 천적을 새끼가 있는 둥지로부터 멀리 떼어 내고, 미어캣은 다른 친구들을 위해 잡아먹힐 위험이 높아짐에도 기꺼이 파수를 본다. 굶주리던 늑대는 운이 좋게 먹이를 잔뜩 먹어도 어린 것들이 다가오면 먹은 것을 토해 나눠 준다. 일개미는 스스로 번식할 수 있음에도 생식을 단념한 채 집단을 위해 묵묵히 일한다. 이 개체들이 스스로를 위해 희생해 얻는 것은 무엇인지, 무엇이 이들을 이토록 이타적으로 행동하게 만들었는지는 자연 선택설로 설명이 불가능했다. 이에 대한 첫 실마리는 영국의 진화생물학자 잭 홀데인(Jack B. S. Haldane, 1892~1964)[5]으로부터 나왔다. 그는 20세기 초, 누군가가 자신에게 남을 위해 목숨을 버릴 수 있느냐고 묻자, "내가 만일 형제 둘이나 사촌 여덟 명의 목숨을 구할 수만 있다면 내 목숨을 버릴 용의가 있을 것이다."라고 답했다고 한다. 형제는 확률적으로 나와 50퍼센트의 유전자를 공유하므로 두 명 이상의 형제를 구할 수 있다면 유전자적 입장에서는 손해가 없는 것이다. 홀데인의 이 말은 다윈 이후 진화생물학자로 불리는 해밀턴[6]에 의해 제대로 된 이론의 모양새를 갖추었다. 해밀턴은 1964년 〈사회적 행동의 유전적 진화(The genetical evolution of social behavior)〉에서 일명 '해밀턴 규칙(Hamilton's rule)'을 제시했다. 해밀턴 규칙은 개체가 포괄 적합도(inclusive fitness)를 높이는 방향으로 행동하는 경향이 있다는 것이다. 해밀턴의 규칙을 수식화하면 $rb-c>0$으로 나타낼 수 있다.

$rB > C$ (r=유전적 근친도, B=적응적 이익, C=비용)

해밀턴의 법칙 "이타적인 행동으로 얻을 수 있는 적응적 이득(B)에 유전적 근친도(r)를 곱한 값이 그런 행동을 하는 데 드는 비용(C)보다 크기만 하면 그 행동은 진화한다.

이때 r은 개체가 유전자를 공유하는 비율로, 부모-자식 간이나 형제간인 경우 0.5, 조카나 조손 관계인 경우 0.25, 사촌인 경우 0.125가 된다. 즉 개체가 다른 개체에게 이타적으로 행동할 확률은 그 개체와의 유전적 적합도에 따르게 된다. 가령 어미가 죽더라도 자신의 죽음으로 인해 두 명 이상의 자식을 구할 수 있다면, 해밀턴 법칙을 만족시키므로 이 행동 패턴은 집단 내로 퍼질 확률이 높다는 것이다.

이는 세간에는 '친족 선택 이론(kin selection theory)'으로 널리 알려졌는데, 이를 이용하면 오랫동안 수수께끼였던 일개미의 행동 패턴을 명확하게 설명할 수 있다. 개미와 꿀벌을 비롯한 사회성 곤충은 인간과는 다른 방식으로 후손을 낳는다. 사람은 감수 분열을 통해 반수체의 생식 세포인 난자와 정자를 만들고, 반드시 이 둘이 더해진 수정란에서 자손이 태어난다. 따라서 부모-자식 간의 유전적 연관도는 50퍼센트이며, 형제자매 사이의 유전적 연관도 역시 $(\frac{1}{2}\times\frac{1}{2})+(\frac{1}{2}\times\frac{1}{2})=\frac{1}{4}+\frac{1}{4}=\frac{1}{2}$로 50퍼센트가 된다. 하지만 사회성 곤충들은 다른 방식으로 번식한다. 여왕개미는 혼인 비행 동안만 수개미와 짝짓기를 하고, 그 정자를 몸 안의 저장낭에 보관한 뒤 평생 사용한다. 이때 여왕개미가 자신의 난자와 수개미의 정자를 더해 2배수체의 수정란을 만들면, 이는 암컷 일개미가 된다. 그러나 자신의 난자(n)만 홀로 처녀 생식을 통해 번식시키면 수개미가 태어난다. 수개미는 반수체이므로 정자를 만들 때 감수 분열을 하지 않고 그대로 자신의 유전자 전체를 정자에 넣는다. 따라서 하나의 수개미가 만드는 정자는 모두 같은 유전자형을 가지고 있다.

일개미가 다른 수개미와 짝짓기를 해서 자식을 낳으면 50퍼센트의 유전적 연관도를 가진 새끼를 낳게 되겠지만, 일개미가 자신을 낳은 여왕개미를 도와 자신의 자매들을 낳게 한다면 이들 사이의 유전적 연관도는 $(\frac{1}{2}\times\frac{1}{2})+\frac{1}{2}=\frac{1}{4}+\frac{1}{2}=\frac{3}{4}$, 즉 75퍼센트가 된다. 다시 말해 일개미들은 스스로 번식하기보다는 어미를 도와 자매개미를 낳게 하는 쪽이 유전적 연관도 측면에서는 더 유리한 셈이다. 해밀턴의 친족 선택 이론은 이기적 생명체가 이타적 행동을 하는 이유에 대해 아주 단순하고 논리적인 설명을 제시했다.

하지만 해밀턴의 설명만으로는 부족한 경우도 있다. 생물들은 종종 자신과 유전적 연관도가 없어도 다른 개체를 돕기도 한다. 예를 들어 동굴 내에 집단 거주하는 흡혈박쥐의 경우, 단 며칠만 피를 빨지 못해도 굶어 죽는데, 흡혈박쥐 집단에서는 늘 며칠씩 피를 빨지 못하는 박쥐가 있게 마련이다. 그럼에도 이들이 굶어 죽는 경우는 드물다. 피를 배불리 마신 박쥐가 자신이 먹은 피를 게워 내 굶주린 박쥐에게 나눠 주기 때문이다. 이 경우, 박쥐들은 자신의 피를 나눠 주는 대상이 꼭 가족이나 친척에만 국한되지는 않는다. 사실 흡혈박쥐들은 같은 동굴 안에 사는 그 누구라도 배고파하면 먹은 것을 나눠 주는 이타적 모습을 보인다.

도대체 왜 그럴까? 이에 대한 해답은 1971년, 로버트 트리버즈(Robert Trivers, 1943~)[7]에게서 나왔다. 트리버즈는 〈호혜적 이타성의 진화(The Evolution of Reciprocal Altruism)〉라는 논문을 통해, 물체가 이타적 행동을 하는 것은 훗날 보답받을 것을 기대하고 하는 것으로, 그렇게 주고받는 행동이 생존에 더 유리하

● 호혜성의 원리에 흥미를 느낀 해밀턴은 이후 정치학자인 로버트 액설로드(Robert Axelrod, 1943~)와 함께 《사이언스》에 〈협동의 진화(The Evolution of Co-operation)〉라는 논문을 발표하는데, 협동과 배신의 전략을 연구할 때 흔히 쓰이는 '죄수의 딜레마(Prisoner's Dilemma)'가 바로 이 논문에 등장한다.

기 때문이라는 결론을 내렸다. 즉 기브 앤 테이크(give & take)● 에 입각한 행동 패턴이 생물체의 협동적 행동을 이끌어 낸다는 것이다. 호혜성의 원리에 따르면, 개체의 이타적 행동은 그 개체들 간의 유전적 연관도에 상관없이 집단 전체에 퍼져 나갈 수 있다.

이후에도 트리버즈는 1972년 '양육 투자 이론(parental investment theory)'●, 1974년에는 '부모-자식 갈등 이론(patental-offspring conflict theory)'● 등을 제시해 생물체의 행동에 대한 진화생물학적 근거들을 제시했다. 그런데 이 호혜성의 원칙이 제대로 성립하기 위해서는 사기꾼이나 배은망덕한 존재를 잡아내는 것이 중요하다. 만약 어떤 박쥐가 배은망덕해서 자신이 배고플 때는 다른 박쥐에게서 피를 얻어먹고는 훗날 그 박쥐가 도움을 청할 때 모른 척한다거나, 피를 얻으러 나가는 것이 귀찮아서 매번 배고픈 척하면서 얻어먹는 사기꾼 전략을 사용한다면, 성실하게 피를 빨고 나눠 주는 개체는 결국 속임수의 희생양이 되고 말 것이다.

이에 존 메이너드 스미스[8]는 게임 이론● 을 진화생물학에 적용한 진화적 게임 이론(evolutionary game theory)을 제시, 자연에는 이런 사기꾼이나 배은망덕한 존재가 등장해도 이를 적절히 억제하는 시스템이 있다는 것을 보여 주었다. 이 결과, 생물체들은 진화적으로 안정된 전략(Evolutionary Stable Strategy, ESS)에 입각한 행동을 하게 된다. ESS란 어떤 개체의 집단에서 대부분의 개체가 전략 S대로 행동한다면, 그와 다른 전략 T가 그 개체군에 퍼질 수 없다는 것이다.

예를 들어 한 무리의 새들 중 싸움에 호전적인 개체(매파)와 싸움을 피하는 얌전한 개체(비둘기파)가 동시에 존재한다고 생각해 보자. 이때 모든 개체가 비둘기파라면 우연히 돌연변이로 나타난 매파 개체들은 매우 이득을 볼 수 있다. 먹이가 하나만 있을 때 비둘기파 개체들은 서로 먹겠다고 다투기보다는 싸움을 피해 달아날 가능성이 높기 때문이다. 그런 경우, 매파 개체는 번식적 이득을 얻을 수 있으므로 다음 세대에는 매파 개체가 늘어나게 된다.

하지만 매파 개체가 일정 수준 이상을 넘어 무리의 대부분이 매파 개체가 된다면, 이들은 먹잇감을 두고 피 터지게 싸우다가 정작 먹이도 먹지 못하고 공멸할 가능성이 크다. 이 경

● **양육 투자 이론** 자연 선택과 쌍벽을 이루는 성 선택에서 동성 간의 경쟁과 이성을 선택할 때의 행동 패턴이 어떻게 작동할지를 이론적으로 예측하는 방법이다. 이에 따르면, 자손에게 더 많이 투자하는 성(대부분 암컷)은 짝을 선택할 때 더 까다로운 반면, 자손에게 투자하는 것이 적은 성(대부분 수컷)은 짝을 선택할 때는 덜 까다롭지만 동성끼리의 경쟁에서는 더욱 치열하다.

● **부모-자식 갈등 이론** 부모 자식의 유전적 근친도는 0.5이므로 자식들은 저마다 부모에게서 최대한의 투자를 얻기를 바라지만, 부모는 자신이 가진 한정된 자원을 어떤 자식에게 얼마만큼씩 투자해야 할지를 저울질할 수밖에 없다는 것이다.

● **게임 이론** 효용 극대화를 추구하는 행위자들이 일정한 전략을 가지고 최고의 보상을 얻기 위해 벌이는 행위에 대한 이론이다.

우에는 싸움을 피하면서 눈치껏 먹이를 찾아 먹는 비둘기파 개체가 오히려 생존할 가능성이 높아진다. 이 경우, 매파와 비둘기파는 특정한 비율을 중심으로 균형이 잡히는데, 이것이 바로 ESS다.

ESS는 왜 대부분의 동물에게서 암컷과 수컷의 비율이 1:1로 나타나는지를 설명하기도 한다. 만약 암컷과 수컷의 비율이 1:2라면, 수컷들 사이의 지나친 경쟁으로 인해 수컷의 숫자가 줄어들게 마련이다. 반대로 암수의 비가 2:1인 경우, 수컷들이 짝짓기에 성공해서 유전자를 남길 확률이 더 높으므로 다음 세대에는 수컷의 비율이 늘어나게 마련이다. 때문에 성비를 편향시킬 만한 특이한 외부적 요인이 없는 상태라면, 성비는 대개 1:1에 수렴하게 마련이다.

해밀턴과 트리버스, 메이너드 스미스가 제시한 각 이론들에서 나타나는 중요한 사항은 이타적 행동 뒤에도 유전적인 근거가 있다는 것이다. 이는 1976년 리처드 도킨스(Richard Dawkins, 1941~)[9]가《이기적 유전자》를 쓰는 매우 중요한 바탕이 된다. 도킨스는《이기적 유전자》를 통해 생물 진화의 원동력은 바로 '유전자'이며, 모든 생명체는 이 유전자가 조종하는 '생존 기계(survival machine)'에 지나지 않는다고 주장했다.

중요한 건 유전자다. 유전자 입장에서는 자신을 더 널리 더 오랫동안 퍼뜨려 줄 수만 있다면, 자신을 담고 있는 기계가 단순한 박테리아든 복잡한 호모 사피엔스든 큰 상관이 없다. 생물이 다양하게 진화하고 변하는 건 유전자들이 변화무쌍한 세상에서 자신들을 효율적으로 복제해 줄 생존 기계들을 그때그때 갈아탄 결과였다. 도킨스는 이 책을 통해 진화의 주체는 개체가 아니라 DNA 분자로 이루어진 유전자라는 '유전자 선택론'에 기반해서 진화론을 아우르기에 이른다.

유전자 선택론은 사실 이전부터 있어 왔던 진화에 있어서의 주체가 집단이라는 집단 선택설(group selection)을 강력하게 반박했다. 집단 선택설이란 진화의 주체는 집단이며, 집단의 존속이 생물체를 진화시키는 원동력이라는 주장이다. 개체들의 이기심을 조절해서 전체 집단의 존속을 위해 노력하는 생물 종만이 살아남는다는 것이 집단 선택설의 골자인데, 집단 수준의 목표나 선택은 그것이 아무리 숭고하더라도 각각의 개체가 지닌 이기심을 이겨 내기에는 무리이다.

게리 라슨(Gary Larson, 1950~)은 이를 개체수가 늘어나 집단이 너무 커지면 단체로 강물에 뛰어드는 주머니쥐의 습성을 이용해 설명했다. 이는 집단이 지나치게 커져 환경이 이를 감당할 수 없으면 개체 수를 조절해서 집단 전체의 생존을 도모하고자 하는 집단 선택설의 증거로 제시되었다. 그러나 이후 연구 결과에서 이 현상은 그저 선두에 선 쥐가 실

개체의 이기심을 집단적 가치가 이기지 못한다는 것을 보여 준 게리 라슨의 만평.

수로 강물에 빠진 뒤 무조건 앞의 쥐만 따라가는 주머니쥐의 습성이 가져온 대규모 참사라는 것이 밝혀졌다.

이런 연구 결과가 없더라도, 주머니쥐의 습성이 집단을 위한 행동이라는 데는 무리가 있다. 라슨의 만평처럼 집단을 위해 강물로 뛰어드는 주머니쥐 중 단 한 마리만이 구명 튜브를 가지고 있었다면, 이 개체는 이후 살아남아 자신의 후손을 많이 남기는 데 성공할 것이다. 그렇다면 몇 세대 후에는 주머니쥐 개체 전체가 '튜브를 가진 쥐'가 되어 아무리 강물에 뛰어들어도 개체 수 조절에는 실패할 것이다. 결국 집단은 개체의 이기적 욕구를 감당할 수 없는데, 유전자 선택설은 개체의 이기성을 그 개체보다 더 근본적인 유전자의 이기성을 이용해 설명하면서 이기적 유전자와 이타적 개체라는 모순을 매끄럽게 이어 붙였다. 하지만 유전자가 모든 것을 지배한다고 보는 시각에 불만을 품은 사람들도 있었다. 1970년대, 데이비드 슬론 윌슨(David Sloan Wilson, 1949~), 엘리엇 소버(Elliott Sober, 1948~) 등은 다수준 선택론(multilevel selection)이라는 개념을 들고 나왔다. 이들은 자연 선택이 유전자 수준에서 작용하는 것을 부정하지는 않으나, 선택의 지점은 개체와 집단이 될 수도 있다고 주장한다. 말 그대로 자연 선택이 일어나는 지점은 유전자-개체-집단 등 다양한 수준에서 일어날 수 있다고 주장하는 것이다. 예를 들어 이타적 행동의 진화는 유전자 수준에서도 일어날 수 있지만, 집단 수준에서도 유유상종(類類相從)의 이치에 따라 이타적 개체와 이기적 개체들끼리만 모이면 가능한 일이 된다. 한 집단 내에 이기적 개체들과 이타적 개체들이 모두 존재하고, 이들이 개별적으로 행동한다면 이타적 개체들이 손해를 입어 결국 모든 개체가 이기적 속성을 지닐 수밖에 없게 된다.

하지만 이타적 개체들과 이기적 개체들이 무작위로 존재하는 것이 아니라, 서로 비슷한 속성을 가진 개체들끼리만 모인다면 이야기는 달라진다. 이타적 개체들로만 이루어진 모둠은 서로 돕고 돌보기 때문에 생존 가능성이 높아지지만, 이기적 개체들로만 이루어진 모둠은 서로 자기 것만 챙기려고 해서 전체 생존 가능성은 낮아진다. 길게 보면 이타적 개체들만으로 이루어진 집단이 이기적 개체들만으로 이루어진 집단에 비해 생존 가능성이나 지속 가능성이 높아진다고 볼 수 있다. 이처럼 진화의 단위는 유전자뿐 아니라, 이보다 더 높은 수준의 개체나 집단 단위에서도 충분히 가능하다고 본다.

다수준 선택론은 유전자 선택론이 지나치게 유전자 환원주의적으로 흘러가 '모든 것을 유전자가 결정한다'는 낙인에 대항해 개체와 집단의 중요성을 환기시킨다. 이에 유전자 선택론을 지지하는 측에서는 다수준 선택론자들이 말하는 개체 혹은 집단을 '생존 기계'나 '유전자 운반체'로 대치할 수 있다고 주장하기도 한다.

이렇듯 진화의 단위가 유전자냐 개체(혹은 집단)냐를 두고 벌인 논쟁이 진화의 단위를 둘러싼 논쟁이었다면, 진화의 점진성을 두고도 의견들이 엇갈렸다. 다윈이 일찍이 "자연은 비약을 좋아하지 않는다."라고 말했듯이, 다윈은 점진적 진화를 옹호했다. 유전자 선택론자들 역시 자연 속에서의 변화는 유전자에 생긴 작은 돌연변이들이 쌓여서 진화했다고 생각하기 때문에 기본적으로는 점진적 진화에 속한다. 하지만 이를 부정하고 진화는 불연속적 현상이라는 의견도 만만치 않다. 대표적 인물이 단속 평형설(punctuated equilibrium)을 주장해 진화론과 이론 생물학에 있어서 여러모로 도킨스와 반대편에 서 있다고 여겨지는 스티븐 제이 굴드(Stephen Jay Gould, 1941~2002)[10]이다. 굴드는 고생물학자였다. 고생물학 연구의 기반은 지층에서 출토되는 화석이다. 그런데 이 화석들을 시대별로 늘어놓고 변화의 모습을 관측하다 보면, 화석들이 상당히 띄엄띄엄하다는 것을 알게 된다. 그래서 이런 부분들을 '잃어버린 고리(missing link)'라고 표현하기도 한다. 왜 화석들은 점진적 변화의 양상을 보여 주지 못하고 띄엄띄엄하게 출토되는 것일까. 논리적으로 두 가지 이유를 들 수 있다. 첫째, 화석상의 기록은 부정확하므로 연결 고리가 되어 줄 만한 화석을 아직 발견하지 못했거나 아예 화석화되지 못했다는 것. 둘째, 애초부터 잃어버린 고리 따위는 없으며 생물은 그렇게 도약적으로 변하는 존재라는 것이다.

오랫동안 정설로 받아들여진 것은 전자였으나, 스티븐 제이 굴드와 닐스 엘드리지(Niles Eldredge, 1943~)[11]는 1972년 〈단속 평형 : 계통적 점진론에 대한 대안(Punctuated equilibria : and alternative to phyletic gradualism)〉이라는 논문을 통해, 생물 종들은 오랜 세월 점진적 변화를 나타내는 것이 아니라, 오랜 정체기 동안 거의 변화가 없다가 급격하게 변하는 변이 시기가 존재한다고 했다. 즉 진화의 속도는 점진적이거나 연속적이 아니라, 불규칙하고 변덕스럽다는 것이다. 비유컨대 진화는 똑같은 보폭을 뛰어야 하는 달리기 경주가 아니라, 보폭의 넓이를 바꿔야 하는 도움닫기 멀리뛰기에 가깝다고 생

계통 점진설
단속 평형설

각하는 것이다. 다만 이때의 '급진적 변화'는 지질학적 연대에 따른 것으로 생물학적 시간으로는 수만 년에 걸친 긴 시간이 된다. 다시 말해 단속 평형설은 어제까지 A였던 종이 다음 세대에 B라는 종으로 바뀌는 것을 의미하는 단절이 아니라, 종이 원래의 모양을 그대로 지속하는 시기에 비해 다른 종으로 갈라지는 시기에 걸리는 시간이 훨씬 짧다는 것을 의미한다. 즉 진화의 속도가 등속이 아니라는 것이다.

점진적 진화론과 단속 평형설을 나타낸 그림 또한 굴드는 진화를 진보로 해석하는 경향을 매우 못마땅해했고, 진화에는 다분히 우연적 요소가 많이 가미된다고 주장했다. 그는 만약 지구 46억 년의 역사를 그대로 복제해서 처음부터 다시 되돌려 본다면 결코 지금과 같은 생물 종들이 탄생하지는 않았을 것으로 여긴다. 즉 긴긴 세월 동안 무작위적으로 일어났던 변이들이 우연히 지금의 인간을 만들어 낸 것뿐이므로, 지구의 역사를 다시 되돌린다면 또 다시 발생하는 우연한 사건들로 인해 전혀 다른 환경이 만들어지고, 지금과는 다른 생태계가 형성되었을 것이라고 주장한다.

그는 이를 스팬드럴(spandrel) 효과로 설명했다. 스팬드럴이란 아치형의 기둥이나 돔 지붕을 받치기 위해 만들어진 기둥과 기둥 사이를 잇는 삼각형의 구조물이다. 스팬드럴은 처음부터 만들려고 해서 만들어진 것이 아니라, 아치형 구조물을 만들다 보니 자연스럽게 그 틈새를 메우기 위해 형성된 것이다. 그런데 이 구조물을 세운 이들이 스팬드럴 부분에 정성스럽게 조각이나 문양을 그려 넣고 화려하게 장식을 해서, 마치 스팬드럴을 만들기 위해 기둥이 세워진 것 같은 느낌을 주기도 한다.

마찬가지로 진화에 있어서 많은 형질이 자연 선택에 의해 선별된 것만 있는 것이 아니라, 자연 선택에 의해 선별되다 보니 덩달아 우연히 선택된 형질도 많은데, 이들이 가진 독

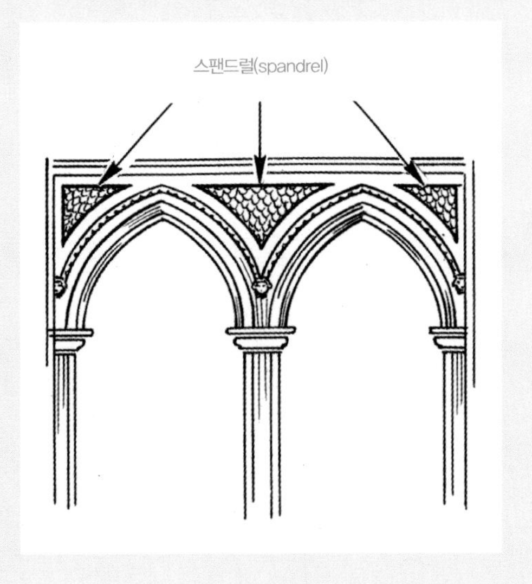
스팬드럴(spandrel)

특한 특성으로 인해 주목을 받다 보니 이것마저도 자연 선택된 것이라 끼워 맞추는 경향이 나타났다는 것이다.

굴드는 인간의 지성 역시 일종의 스팬드럴 효과라고 보았다. 만약 지성이 정말 생존에 유리해서 자연 선택되었다면, 영장류가 아닌 다른 종의 생물 집단 중에서도 지능이 발달한 개체군이 등장해야 한다. 하지만 지성을 갖춘 돌고래나 지성을 갖춘 거북이 없는 건, 지성 역시도 다른 종류의 진화 과정(직립 보행, 음식을 익혀 먹는 습성, 언어의 발달) 사이에서 우연히 나타난 독특한 스팬드럴이라고 주장한다.

다윈 이후에도 진화론은 다양하게 가지를 뻗어 나가고 있다. 혹자들은 진화를 설명하는 이론들이 하나로 합의되지 못하고 가지치기를 한다는 것을 빌미 삼아, '과학자들조차도 진화에 합의되어 있지 않으므로 진화는 사실이 아니다'라고 주장하기도 한다. 하지만 진화의 단위, 진화의 속도에 대해 아직 명확한 합의가 도출되지 않았다는 사실이 진화가 거짓임을 나타내는 것은 아니다. 진화의 단위가 무엇이든 속도가 어떻든 간에 모든 이가 '생물은 진화한다'라는 것은 확실하다는 사실을 전제로 가장 사실에 가까운 설명이 무엇인지를 찾는 것뿐이다. 답을 찾아가는 과정이 여러 가지라고 해서 문제가 틀린 것은 아니다. 풀이 과정이 달라도 같은 답을 도출해 내는 문제들은 얼마든지 있다. 오히려 지금까지 38억 년이 넘는 긴 세월 동안 수백만 종의 생물이 생겨났다 사라지고 있는, 극도로 복잡하고 역동적인 진화 과정을 단 하나의 논리로 풀어낼 수 있을 것이라는 믿음 자체가 어불성설인 것은 아닐까.

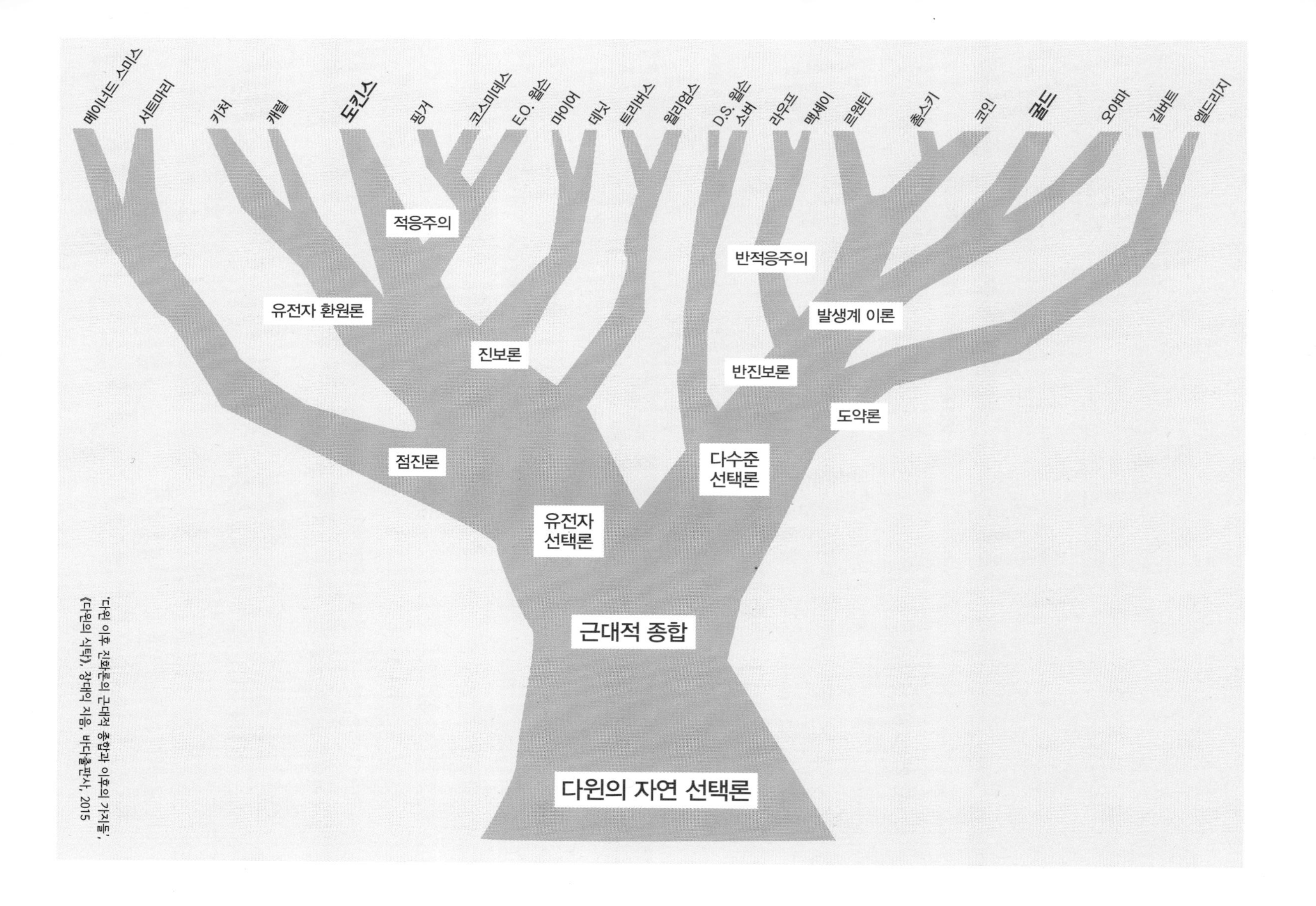

메이너드 스미스
서트마리
키처
캐럴
도킨스
핑거
코스미데스
E.O. 윌슨
마이어
데닛
트리버스
윌리엄스
D.S. 윌슨
소버
라우프
맥셰이
르원틴
촘스키
코인
굴드
오야마
길버트
엘드리지
적응주의
유전자 환원론
진보론
점진론
유전자
선택론
반적응주의
발생계 이론
반진보론
도약론
다수준
선택론
근대적 종합
다윈의 자연 선택론

'다윈 이후 진화론의 근대적 종합과 이후의 가지들',
《다윈의 식탁》, 장대익 지음, 바다출판사, 2015

1. 다윈의 삶

찰스 로버트 다윈(Charles Robert Darwin, 1809~1882)

1809년 2월 12일 영국 잉글랜드 슈루즈버리에서 로버트 워링 다윈(Robert Waring Darwin, 1766~1848)과 수재나 웨지우드 다윈(Susannah Wedgwood Darwin, 1765~1817)의 여섯 아이 중 다섯째로 태어남.

1825년 영국 에든버러 의과 대학 입학, 1827년 의대 자퇴

1827년 영국 케임브리지 대학 신학과 입학

1831년 졸업

1831년 12월 27일~1836년 10월 2일 비글호 항해

〈비글호의 여행 경로〉

영국 플리머스 항에서 출항 → 카보베르데 제도의 프로토 프라야에 첫 상륙 → 브라질 바이아 → 리우데자네이루 → 우루과이 몬테비데오 → 티에라델푸에고 & 포클랜드 제도 → 칠레 발파라이소 → 칼라오 리마 → 에콰도르 갈라파고스 제도 → 태평양 횡단 → 뉴질랜드 → 오스트레일리아 시드니 → 모리셔스 → 아프리카 남단 케이프타운 → 헬레나 섬 → 브라질 바이아 → 영국 콘월 항으로 귀항

1837년 영국 지질학회 평의원 선출, 1838년 지질학회 서기 선출

1839년 1월 엠마 웨지우드와 결혼

1842년 최초의 연구서《산호초의 분포와 연구》발표

1844년《화산도의 지질학적 관찰》출판

1845년《남미의 지질학적 관찰》출판,《비글호 항해기》출판

1858년 린네학회 총회에서 월리스와 함께 진화론 논문 발표

1859년《종의 기원》초판 발간

1860년 옥스퍼드의 진화 논쟁, 윌버포스 주교와 헉슬리의 논쟁

1864년 코플리 메달 수상. X클럽의 시작

1872년《종의 기원》7장을 새로 추가한 6판 발간

1882년 4월 19일 사망

2. 다윈의 저서

《비글호 항해기》 초판 발간(1839, 공저)

《산호초의 분포와 연구》(1842)

《화산도의 지질학적 관찰》(1844)

《비글호 항해기》 2판(1845)

《남미의 지질학적 관찰》(1846)

《The Lepadidae(따개비의 한 종류)》(1852)

《The Balanidae(따개비)》(1854)

《종의 기원》(1859)

《난초의 수분》(1862)

《가축에 의한 동물과 식물의 변이》(1868)

《인간의 유래와 성 선택》(1871)

《인간과 동물의 감정 표현》(1872)

《식충 식물》(1875)

《식물에서 운동의 힘》(1875)

《동종 식물들에서 꽃의 다른 형태》(1877)

《지렁이의 활동과 분변토의 형성》(1881)

3. 다윈의 아이들

윌리엄 에라스무스(1839~1914)

앤 엘리자베스, '애니'(1841~1851)

메리 엘레노어(1842~1842)

헨리에타 에마, '에티'(1843~1927)

조지 하워드(1845~1912)

엘리자베스, '베시'(1847~1926)

프랜시스(1848~1825)

레너드(1850~1943)

호레이스(1851~1928)

찰스 워링(1856~1858)

1. 다윈의 삶에 관한 책들

다윈의 전기 영화 〈크리에이션(Creation)〉, 폴 베타니, 제니퍼 코넬리 출연
《나의 삶은 서서히 진화해 왔다(다윈 자서전)》, 찰스 다윈 지음, 이한중 옮김, 갈라파고스, 2003
《다윈 평전(고뇌하는 진화론자의 초상)》, 에이드리언 데스먼드 & 제임스 무어 지음, 김명주 옮김, 뿌리와 이파리, 2009
《찰스 다윈 평전1-종의 수수께끼를 찾아 위대한 항해를 시작하다》, 재닛 브라운 지음, 임종기 옮김, 김영사, 2010
《찰스 다윈 평전2-나는 멸종하지 않을 것이다》, 재닛 브라운 지음, 임종기 옮김, 김영사, 2010
《찰스 다윈 그래픽 평전》, 유진 번 지음, 사이먼 거 그림, 김소정 옮김, 푸른지식, 2014

2. 다윈이 쓴 책들(국내 번역서)

《인간의 유래1, 2》, 찰스 다윈 지음, 김관선 옮김, 한길사, 2006
《찰스 다윈의 비글호 항해기》, 찰스 다윈 지음, 장순근 옮김, 리잼, 2013
《종의 기원》(2013 옥스퍼드 컬러판), 찰스 다윈 지음, 송철용 옮김, 동서출판사, 2013
《인간과 동물의 감정 표현》, 찰스 다윈 지음, 김홍표 옮김, 지만지, 2014
《인간의 유래와 성 선택》, 찰스 다윈 지음, 이종호 옮김, 지만지, 2014
《지렁이의 활동과 분변토의 형성》, 찰스 다윈 지음, 최훈근 옮김, 지만지, 2014

3. 진화론에 관한 책들(국내 번역서)

《사회생물학》, 에드워드 윌슨 지음, 이병훈 옮김, 민음사, 1992
《사회생물학 논쟁》, 프란츠 부케티츠 지음, 김영철 옮김, 사이언스북스, 1999
《섹스란 무엇인가》, 린 마굴리스 지음, 홍욱희 옮김, 지호, 1999
《이타적 유전자》, 매트 리들리 지음, 신좌섭 옮김, 사이언스북스, 2001
《이기적 유전자》, 리처드 도킨스 지음, 홍영남 옮김, 을유문화사, 2002

《풀 하우스》, 스티븐 제이 굴드 지음, 이명희 옮김, 사이언스북스, 2002
《인간에 대한 오해》, 스티븐 제이 굴드 지음, 김동광 옮김, 사회평론, 2003
《눈먼 시계공》, 리처드 도킨스 지음, 이용철 옮김, 사이언스북스, 2004
《확장된 표현형》, 리처드 도킨스 지음, 홍영남 옮김, 을유문화사, 2004
《붉은 여왕》, 매트 리들리 지음, 김윤택 옮김, 김영사, 2006
《여성은 진화하지 않았다》, 세라 블래퍼 하디 지음, 유병선 옮김, 서해문집, 2006
《마음은 어떻게 작동하는가》, 스티븐 핑커 지음, 김한영 옮김, 동녘사이언스, 2007
《이보디보》, 션 캐럴 지음, 김명남 옮김, 지호, 2007
《왜 다윈이 중요한가》, 마이클 셔머 지음, 류운 옮김, 바다출판사, 2008
《진화란 무엇인가》, 에른스트 마이어 지음, 임지원 옮김, 사이언스북스, 2008
《우리 유전자 안에 없다》, 스티븐 로즈 & 리처드 르원틴 지음, 이상원 옮김, 한울, 2009
《어머니의 탄생》, 세라 블래퍼 하디 지음, 황희선 옮김, 사이언스북스, 2010
《마이크로 코스모스》, 린 마굴리스 & 도리언 세이건 지음, 홍욱희 옮김, 김영사, 2011
《생명의 떠오름》, 존 메이너드 스미스 지음, 조세형 옮김, 이음, 2011
《살인》, 마틴 데일리 & 마고 윌슨 지음, 김명주 옮김, 어마마마, 2015
《게임 이론과 진화 다이내믹스》, 최정규 지음, 이음, 2013
《진화 심리학》, 데이비드 버스 지음, 이충호 옮김, 웅진지식하우스, 2012
《적응과 자연 선택》, 조지 윌리엄스 지음, 전중환 옮김, 나남출판, 2013
《우리는 왜 자신을 속이도록 진화했을까》, 로버트 트리버스 지음, 이한음 옮김, 살림, 2013
《센스 앤 넌센스》, 케빈 랠런드 & 길리언 브라운 지음, 양병찬 옮김, 동아시아, 2014
《인류의 기원》, 이상희 & 윤신영 지음, 사이언스북스, 2015
《다윈의 식탁》, 장대익 지음, 바다출판사, 2015
《멸종하거나, 진화하거나》, 로빈 던바 지음, 김학영 옮김, 반니, 2015
《개미와 공작》, 헬레나 크로닌 지음, 홍승효 옮김, 사이언스북스, 2016
《판다의 엄지》, 스티븐 제이 굴드 지음, 김동광 옮김, 사이언스북스, 2016
《다윈의 핀치》, 피터 그랜트 & 로즈메리 그랜트 지음, 엄상미 옮김, 다른세상, 2017
《원더풀 라이프》, 스티븐 제이 굴드 지음, 김동광 옮김, 궁리, 2018
《진화》, 칼 짐머 지음, 이창희 옮김, 웅진지식하우스, 2018

메타-인포 다윈 이전의 진화론

1. 아리스토텔레스(Aristoteles, B.C. 384~B.C. 322)

고대 그리스의 철학자. 현대적 관점에서는 물리학, 형이상학, 시학, 생물학, 논리학, 정치학, 윤리학 등 다양한 주제로 책을 저술했다. '자연은 불필요한 일을 하지 않는다'는 관점하에 500종 이상의 동물을 분류하였고, 지구상에 존재하는 모든 것들을 11단계로 나누어 분류하는 존재의 사다리[Ladder of being, scala naturae(Latin)] 개념을 제시했다. 이때 각 사다리의 단계를 차지하는 종들은 고정되어 있으며, 다른 단계로의 이동은 불가능하다고 주장했다. 각각의 존재들은 자신이 속한 단계가 가장 자연스러운 위치이기에 자연의 질서는 이를 그 위치에 놓아두었다는 목적론적 자연관의 관점으로, 이후 2000년간 서양 자연관의 기본이 되었다.

2. 칼 폰 린네(Carl von Linné, 1707~1778)

스위덴의 식물학자. 근대적 생물 분류 기준 및 명명법을 제시한 인물로, 생물분류학의 기초를 놓는 데 결정적 역할을 했다. 이전에도 동식물을 계통에 따라 분류하는 방법은 제시되었으나, 린네는 다양하고 방대한 결과물과 체계적인 접근법을 통해 당시 알려진 거의 모든 생물 종들를 분류하는 기준을 만들어 냈다. 그는 동물과 식물을 계통학적으로 분석하여 계-강-목-

CAROLI LINNAEI
SYSTEMA
NATVRAE
REGNA TRIA NATVRAE,
CLASSES, ORDINES,
GENERA, SPECIES,
TOMVS I.
IOANNES IOACHIMVS LANGIVS
HALAE MAGDEBVRGICAE

속-종-변종(현대 생물학에서는 계-문-강-목-과-속-종의 7단계로 구분함. 예를 들어 사람은 동물계 척추동물문 포유강 영장목 인과 인속 사람종)의 순으로 계통에 따라 세분화시켜 분류하는 방법을 구체화했다. 특히 1735년 네덜란드에서 발간한《자연의 체계(Systema natvrae)》를 통해 라틴어로 이루어진 속명과 종명을 확고한 생물의 학명 명명법으로 확립시켰다.

3. 조르주루이 르클레르 뷔퐁(Georges-Louis Leclerc de Buffon, 1707~1788)

프랑스의 수학자이자 박물학자로 진화론의 선구자. 1749년부터 1804년까지 55년 동안 지구의 역사부터 인간을 포함한 동물의 자연사까지 방대한 주제를 다룬 역작인《박물지(Histoire naturelle, générale et particulière)》44권을 엮어 냈다. 뷔퐁은 식량의 공급보다 생물의 번식 속도가 더 빨라 동물들이 생존을 위해 경쟁할 것이라는 생각을 바탕으로, 생물 종의 변화 및 멸종의 가능성을 제시했다. 비교해부학을 통한 상동 기관의 존재와 비교지질학을 통한 생물 종의 확산 및 변화에 대한 개념을 제시해 훗날 다윈의 진화 개념에 많은 영향을 미쳤다.

4. 조르주 퀴비에(Jean Léopold Nicolas Frédéric Cuvier, 1769~1832)

프랑스의 동물학자이자 정치가. 화석을 조사해 비교해부학적 연구 방법을 제시하고, 고생물학을 창시한 인물로 꼽힌다. 화석 연구를 통해 과거와 현재의 생물 종간에 차이가 있음을 알고 있었지만, 종은 불변하며 거대한 격변으로 인해 이전에 살던 생물 종이 멸종되고 새로운 종이 등장했다는 '천변지이설(혹은 격변설)'을 주장했다.

5. 장 바티스트 라마르크(Jean-Baptiste Pierre Antoine de Monet, chevalier de Lamarck, 1744~1829)

프랑스의 생물학자. 진화에 대한 개념을 체계적인 학설로 제시한 최초의 인물로 평가된다. 라마르크는 생물체가 단순한 것에서 복잡한 것으로 복잡화되는 경향을 보이는데, 이런 현상은 생물체가 가진 복잡화 경향이 각 생물체가 위치한 독특한 외부 환경과 상호 작용하여 이루어진다고 보았다. 또한 각 생물 종들이 획득한 형질들이 대대로 후손에게 유전되며 오랜 세월에 걸쳐 다양하고 점진적으로 변화를 이루어왔다고 주장해 퀴비에의 격변설에 맞섰다. 용불용설에 의한 획득 형질이 유전되지 않는다는 것이 판명되면서 라마르크의 주장은 힘을 잃었지만, 점진적 과정을 통한 생물 종의 변화, 환경과의 상호 작용으로 인한 종의 분화 등의 개념은 진화론 개념에 결정적인 기초를 제공했다.

6. 애덤 세지윅(Adam Sedgwick, 1785~1873)
영국의 지질학자로 현대 지질학의 창시자 중 한 명. 지질 연대 중 데본기(Devonian Period, 고생대의 4번째 시기로 4억 196만 년 전부터 4억 5920만 년 전. 이 시기의 암석이 발견된 잉글랜드의 데본 주 명칭을 따서 명명되었다. 어류가 번성해 어류의 시대로 불리며, 양치식물로 이루어진 최초의 숲이 출현한 시기이다.)의 명칭을 제안했으며, 지질학적 시대 구분을 확립하는 데 결정적 역할을 했다. 다윈의 케임브리지 대학 시절 지질학 교수로 서로 우호적인 관계였으나, 천변지이설과 종의 불변 개념을 지지했기에 다윈의 진화론에 대한 개념에는 반대했다.

2장 꿈을 찾는 자유로운 영혼

1. 로버트 워링 다윈(Robert Waring Darwin, 1766~1848)
영국의 의사. 수재나 웨지우드(Susannah Wedgwood)와의 사이에서 6남매를 얻었으며, 그중 다섯째인 찰스 다윈이 바로 진화론을 확립시킨 인물이다.

2. 수재나 웨지우드(Susannah Wedgwood, 1765~1817)
영국의 대표적 도자기 브랜드인 웨지우드 사를 설립한 조지아 웨지우드의 딸로, 1796년 34세의 나이에 한 살 어린 로버트와 결혼해 여섯 아이를 낳았다. 재능 있고 감성이 풍부했던 수재나는 유명한 의사의 아내이자 비서이자 손님 접대원, 여섯 아이의 어머니 역할을 묵묵히 수행하다가 52세의 나이에 궤양과 위암으로 세상을 떠났다.

3. 이래즈머스 다윈(Erasmus Darwin, 1804~1881)
여섯 남매 가운데 넷째이자 장남으로 태어났다. 찰스보다 다섯 해 먼저 태어났지만, 12월 29일생이어서 실제로는 대략 4년 1개월 정도 나이가 많다.

4. 존 에드먼스톤(John Edmonstone, ?~?)
19세기의 박제사 및 과학자. 남아메리카 기아나 태생의 흑인 노예 출신으로, 남아메리카 탐험 중이던 찰스 워터턴이 그에게 박제술을 가르쳤다. 노예 신분에서 해방된 뒤 에드먼스톤은 영국으로 건너와 에든버러에서 일류 박제사로 일했다.

5. 찰스 워터턴(Charles Waterton, 1782~1865)
영국의 자연학자이자 탐험가. 1804년부터 네 차례에 걸쳐 남아메리카 탐험을 수행했는데, 그가 쓴 《Wanderings in South America》(1825)는 많은 박물학자에게 자극제가 되었다. 최초의 자연 보호론자이자 일류 박제사로도 유명하다.

6. 이래즈머스 다윈(Erasmus Darwin, 1731~1802)
영국의 의사이자 자연철학자, 발명가, 시인. 찰스 다윈과 프랜시스 골턴의 할아버지이다. 그가 쓴《주노미아(Zoonomia or the Laws of Organic Life)》(1794)는 '생물은 처한 환경에 적응해 변화를 일으킨다'는 것을 골자로 생물체의 변화에 대해 기술한 책이다. 이 책은 훗날 손자인 찰스 다윈이 진화론을 확립하는 데 많은 영향을 미쳤다. 다만, 그는 찰스 다윈이 태어나기 전에 세상을 떠나 손자와의 직접적인 교류는 하지 못했다.

7. 찰스 벨(Charles Bell, 1774~1842)
영국의 외과 의사이자 해부학자. 척수에서 감각 신경과 운동 신경의 차이를 발견했으며, 신경 절개술의 과학적 연구와 임상 실습을 결합한 최초의 의사 중 한 명으로 평가받는다.

8. 로버트 에드먼드 그랜트(Robert Edmond Grant, 1793~1874)
영국의 의사이자 생물학자, 비교해부학자. 그랜트는 모든 동물의 원리는 비슷하며, 고등 동물일수록 구조가 복잡해질 뿐이라고 생각했다. 하등 동물의 구조를 통해 인간을 비롯한 고등 동물들이 지닌 복잡한 구조의 기원을 알 수 있다고 생각해 해면동물을 비롯한 해양 생물의 연구에 매진했다. 플리니우스 학회를 이끌며 당시 아직 10대였던 다윈에게 라마르크의 학설을 알려 주었고, 진화론에 관심을 가지게 하는 계기를 제공했다.

3장 운명의 비글호 탐사

1. 윌리엄 다윈 폭스(William Darwin Fox, 1805~180)
영국의 성직자이자 자연학자. 다윈의 사촌 형으로 곤충학에 관심이 많아 케임브리지 시절 다윈과 자주 어울렸다.

2. 존 스티븐스 헨슬로(John Stevens Henslow, 1796~1861)
영국의 식물학자이자 지질학자, 성직자. 1819년 애덤 세지윅의 조사 여행에 동행하며 지질학과 광물학을 연구하기 시작했다. 청년 다윈에게 과학적 탐구 방법을 가르쳤다. 피츠로이 선장이 비글호에 함께 승선할 젊은 박물학자를 찾고 있을 때 다윈을 소개해 주었으며, 다윈이 탐험에서 보내온 편지와 자료들을 학계에 알리는 역할도 해 준 든든한 지원자였다.

3. 제임스 프랜시스 스티븐스(James Francis Stephens, 1792~1852)
영국의 자연학자이자 곤충학자. 약 2,800종에 달하는 영국의 곤충 종을 묘사하고 분류했으며, 1833년 런던 왕립 곤충학회(Royal Entomological Society of London)를 설립했다.

4. 조지 피콕(George Peacock, 1791~1858)
영국의 수학자이자 성공회 사제. 왕립학회 회원으로 케임브리지 대학에서 강의했다. 대수학의 원리를 체계적으로 정리한 《대수학(Treatise on Algebra, 1830)》을 집필했다.

5. 로버트 피츠로이(Robert FitzrRoy, 1805~1865)
영국의 해군이자 기상학자, 지질학자, 지리학자. 비글호의 두 번째 탐사 여행에서 함장을 맡았으며, 찰스 다윈을 박물학자로 배에 태웠다. 신앙심이 깊었던 그는 《종의 기원(The Origin of Species)》이 출판되었을 당시 크게 당황했고, 이에 대해 공식적으로 비난했다.

6. 프랜시스 보퍼트 경(Sir Francis Beaufort, 1774~1857)
아일랜드의 수로학자, 영국의 해군 제독. 1805년, 풍속계를 사용해서 바람의 세기를 13단계로 나눈 보퍼트 풍력 계급을 만들었다.

7. 알렉산더 폰 훔볼트 남작(Friedrich Wilhelm Heinrich Alexander Freiherr von Humboldt, 1769~1859)
독일의 지리학자이자 자연학자, 탐험가. 귀족 가문 출신으로, 세계 각지의 자연 탐사 및 연구 활동을 수행했다. 수많은 실제 탐사 경험을 계기로 각 대륙에 자생하는 동식물들을 비교하여 이들의 분포 및 생활상과 지리적 요인과의 관계를 분석하는 생물지리학의 기초를 닦았다. 훔볼트는 자연과 우주, 세계를 하나의 통합된 세계로 이해하고자 노력했고, 이를 통합하여 총 25년에 걸쳐 《코스모스》라는 대작을 써냈다.

8. 찰스 라이엘 경(Sir Charles Lyell, 1797~1875)
영국의 지질학자. "현재는 과거에 대한 열쇠이다."라는 견해 아래서 지질 현상을 통일적으로 설명하고, 지질학의 근대적 체계를 확립하여 근대 지질학의 아버지로 불린다.

4장 아름답고 흥미로운 자연사 여행

1. 패니
패니 웨지우드, 다윈의 외사촌으로 어릴 때부터 친밀한 관계였다. 암암리에 다윈의 배우자감으로 거론되었지만, 다윈이 비글호를 타고 항해하던 중인 1833년 8월 열병으로 사망했다. 훗날 다윈의 아내가 되는 에마의 언니이기도 하다.

2. 심스 코빙턴(Syms Covington, 1816~1861)
영국 출신의 선원. 15세 때 비글호의 두 번째 항해 중 탑승해 다윈의 개인 조수 역할을 도맡았다. 그는 샘플 수집, 사냥, 박제, 여행 기록 등 다양한 역할을 수행했다.

5장 그래도, 종은 계속 변한다

1. 찰스 배비지(Charles Babbage. 1791~1871)
영국의 수학자이자 철학자, 발명가, 기계공학자. 그는 다항함수를 계산하는 기계식 계산기인 차분기관(差分機關, difference engine)을 개발했고, 기계적 범용 컴퓨터인 해석기관(解析機關, Analytical Engine)을 연구했다. 프로그래밍이 가능한 기계식 컴퓨터의 개념을 최초로 고안해서 '컴퓨터의 아버지'로 불린다.

2. 존 허셜 경(Sir John Herschel, 1792~1871)
영국의 천문학자이자 수학자. 천왕성을 발견한 천문학자 윌리엄 허셜의 아들로, 1등성의 밝기가 6등성의 100배임을 알아냈으며, 토성과 천왕성의 위성들을 발견했다.

3. 존 굴드(John Gould, 1804~1881)
영국의 조류학자이자 예술가. 정원사의 아들로, 왕실 정원사로 일하던 중 박제술을 배웠다. 뛰어난 손재주로 일류 박제사가 되었으며, 이를 통해 런던동물학회 박물관의 최고 큐레이터로 일하게 되었다. 직업상 세계 각지에서 박물학자들이 수집한 동물, 특히 새의 표본들을 가장 먼저 접촉했으며, 찰스 다윈이 비글호 탐험에서 수집한 표본들도 굴드가 확인 및 분석 작업을 맡았다. 다윈이 서로 다른 종이라 생각해 수집했던 갈라파고스 제도의 새들이 사실은 그곳에서만 서식하는 매우 특이한 갈래의 핀치류들임을 알아차린 최초의 인물이기도 하다.

4. 제미 버튼(Jemmy Button, 1815~1864)

티에라델푸에고의 원주민으로, 비글호의 첫 번째 원정에서 다른 세 명의 동료들과 함께 영국으로 들어왔다(1830년). '버튼'이라는 그의 성(姓)은 비글호 선원들이 그를 진주 단추와 바꾸었다고 해서 붙여진 것이다. 이후 1831년 12월에 있었던 비글호의 두 번째 원정 때 배에 탑승해 고향으로 돌아갔고, 이때 같은 배에 오른 찰스 다윈을 만났다. 다윈은 서구식 예의범절을 익힌 신사의 모습을 갖추고 있던 제미 버튼이 고향에 도착해서는 다시 원시 부족의 삶으로 되돌아가는 과정을 목격하면서 인간의 차등성에 대해 의심을 품기 시작했다.

5. 리처드 오언 경(Sir Richard Owen, 1804~1892)
영국의 생물학자이자 비교해부학자. 퀴비에의 후계자로 '공룡(Dinosauria)'이라는 단어를 처음 만들어 낸 인물이며, 50여 년 동안 수많은 연구로 비교해부학과 동물학 분야에 많은 업적을 남겼다. 1836년 찰스 라이엘의 소개로 다윈을 알게 되었으며, 다윈이 직접 채집해 온 동물 화석 분석을 기꺼이 맡아 줄 정도로 절친한 사이였으나 다윈이《종의 기원》을 발표한 이후 열렬한 반대론자로 돌아섰다. 비교해부학을 연구하면서 동물이 변한다는 사실은 알고 있었지만, 그는 생물이 변하는 것은 각 생명체가 가진 '생체 에너지'에 따른 목적론적 결과로 인식하고 있었기에 목적 없이 무작위적으로 변하는 다윈의 진화론 개념을 받아들일 수 없었던 것이다.

6. 윌리엄 휴얼(William Whewell, 1794~1866)
영국의 자연철학자. 1840년《귀납 과학의 역사(The History of Inductive Sciences)》와《귀납 과학의 철학(The Philosophy of Inductive Sciences)》이라는 책을 발표했으며, 1841년부터 케임브리지 대학 트리니티 칼리지의 학장을 역임했다. 예술가(artist)에서 창안해 1833년 과학자(scientist)라는 단어를 처음으로 만들어 낸 사람이다.

6장 세상을 향한 불경한 도전, 진화론

1. 윌리엄 야렐(William Yarrell, 1784~1856)
영국의 동물학자이자 작가. 런던동물학회의 초창기 멤버이자, 런던곤충학회를 설립한 인물이다.《영국 어류 역사(A History of British Fishes, 1836)》,《영국 조류 역사(A History of British Birds, 1843)》 등의 인기 있는 동물학 책을 저술했고, 뛰어난 육종가이기도 했다.

2. 에마 웨지우드 다윈(Emma Wedgwood Darwin, 1808~1896)
찰스 다윈의 아내. 웨지우드 도자기 창업주의 손녀로 1839년 사촌 동생이었던 다윈과 결혼했다. 열 명의 아이를 낳고 43년간 결혼 생활을 유지하면서 다윈의 든든한 동반자이자 조력자로 평생을 함께했다.

3. 토머스 맬서스(Thomas Malthus, 1766~1834)
영국의 성직자이자 인구통계학자, 정치경제학자로 고전 경제학의 대표적 인물이다.《인구론》과《자본의 원리》 저자이다. 높은 출생률이 곧 노동 인구의 증가로 이어져 출산율을 장려하는 것이 당연했던 시대에 맬서스는 급격한 출생률 증가는 식량의 수용 가능 범위를 넘어서서 빈곤을 초래한다는 새로운 개념을 제시했다. 찰스 다윈은 맬서스의 책을 통해 자연 선택의 주요 원리에 대한 실마리를 얻었다고 말한 바 있다.

4. 조지프 돌턴 후커 경(Sir Joseph Dalton Hooker, 1817~1911)
영국의 식물학자. 남극과 히말라야, 뉴질랜드, 인도, 모로코 등을 탐험하면서 얻은 자료와 경험을 바탕으로《식물의 속》을 출판해 식물지리학자로 명성을 얻었다. 이 경험을 바탕으로 종의 가변성(可變性)을 주장했다. 찰스 다윈의 든든한 학문적 동료이자, 은둔자에 가까웠던 다윈에게 있어 세상과의 연결 통로가 되어 준 인물이기도 하다.

5. 조지 로버트 워터하우스(George Robert Waterhouse, 1810~1888)
영국의 자연학자이자 곤충학자. 1833년 프레데릭 윌리엄 호프(Frederick William Hope, 1797~1862)와 함께 런던곤충학회를 설립했으며, 런던동물학회 회장을 지냈다. 비글호의 2차 탐험을 제안받았지만 거절했고, 다윈이 돌아왔을 때 그가 가져온 포유류와 곤충 표본을 분석하는 역할을 도왔다.

6. 에드워드 포브스(Edward Forbes, 1815~1854)

영국의 박물학자이자 지질학자. 지중해 지역의 식물과 동물, 지질에 대한 연구 조사를 수행했다. 해양생물학 분야에서 특히 뛰어난 업적을 남겼으며, 토머스 헉슬리의 스승으로 헉슬리가 왕립학회에 입회해 활동하는 데 큰 도움을 주었다.

7. 휴 팔코너(Hugh Falconer, 1808~1865)

스코틀랜드의 지질학자이자 식물학자, 고인류학자. 인도와 동남아 지역의 동식물 및 지질학을 연구했으며, 다양한 동물 화석을 통해 종의 변화 과정을 관찰했다. 다윈의 지지자 중 한 명이다.

7장 벽장 속의 진화론자

1. 프레데릭 제라르(Frédéric Gérard, 1806~1857)

프랑스의 식물학자. 장 바티스트 라마르크의 영향을 받은 초기 진화론자로, 《자연사에 대한 설명(De la description en histoire naturelle, 1844)》 등을 저술했다.

2. 바르톨로뮤 제임스 설리번 경(Sir Bartholomew James Sulivan, 1810~1890)

영국의 해군 장교이자 기자. 비글호의 2차 탐험에 동승했고, 이후 필로멜(Philomel)호를 타고 남미를 탐험했다. 갈라파고스 제도의 바르톨로뮤 섬은 그의 이름을 따서 명명되었다.

3. 조지프 팩스턴 경(Sir Joseph Paxton, 1803~1865)

영국의 정원사이자 조경사, 건축가. 번셔 공작의 정원사로 유리와 나무와 철로 이루어진 새로운 구조의 온실을 고안했다. 이 온실 구조를 바탕으로 1851년 영국 런던에서 열린 만국반람회장에 유리로 만들어진 수정궁(Crystal Palace)을 선보였다.

4. 제1대 웰링턴 공작, 아서 웰즐리(Arthur Wellesley, 1st Duke of Wellington, 1769~1852)

영국의 군인, 정치가. 나폴레옹 전쟁 때의 활약으로 명성을 얻어 영국군 총사령관을 거쳐 총리까지 역임했다.

5. 토머스 헨리 헉슬리(Thomas Henry Huxley, 1825~1898)

영국의 생물학자. 1846년부터 래틀스네이크호의 외과의 자격으로 승선해 4년간 호주를 비롯한 남반구 지역을 탐사하며 각종 해양 동물들을 관찰하고 연구했다. 다윈 진화론의 열렬한 지지자로 1860년 영국 과학진흥협회 연례 회의에서 윌버포스 주교와의 진화론 찬반 토론에 참여한 것으로 유명하다. 사람들과의 논쟁을 피했던 다윈을 대신해 진화론에 대한 공격에 맞서는 역할을 맡아 '다윈의 불독'이라는 별명으로도 불렸다. 종교에 대한 회의와 과학적 사고의 전파에 앞장선 헉슬리는 X클럽을 이끌었으며, 종교에 대한 자신의 사고방식을 표현하기 위해 불가지론자(agonist)라는 단어를 만들어 냈다.

8장 자연 선택과 《종의 기원》

1. 앨프리드 러셀 월리스(Alfred Russel Wallace, 1823~1913)

영국의 자연학자이자 지리학자, 탐험가, 생물학자. 찰스 다윈과 독립적으로 자연 선택을 통한 진화의 개념을 찾아냈다. 아마존 강 유역과 동남아시아의 말레이 제도에서 탐사 연구를 했으며, 동물 종의 분포와 지리학의 연관 연구에 대한 기여로 '생물지리학의 아버지'로 불린다.

2. 토마스 벨(Thomas Bell, 1792~1880)

영국의 동물학자이자 외과 의사, 작가. 1836년부터 런던 킹스칼리지의 동물학 교수로 일했으며, 다윈이 비글호 탐사에서 돌아왔을 때 파충류와 갑각류 표본을 위탁받아 분류했다. 1838년 비글호가 가져온 파충류에 대한 책들을 출간했고, 다윈의 자연 선택설 초기 수립에 많은 영향을 미쳤다.

3. 새뮤얼 윌버포스(Samuel Wilberforce, 1805~1873)
영국의 주교. 사회 및 교회 문제에 대한 토론에서 두드러진 역할을 했으며, '미꾸라지 샘(Soapy sam)'이라는 별명이 있을 정도로 언변이 좋았다. 1860년 6월 30일에 있었던 진화에 대한 논쟁에서 헉슬리와 일전을 벌인 것으로 유명하다.

4. 존 윌리엄 드레이퍼(John William Draper, 1811~1882)
영국계 미국인 과학자, 철학자, 의사, 역사가, 사진작가. 미국화학협회 초대 회장이었으며, 《종교와 과학 간 갈등의 역사(History of the Conflict between Religion and Science, 1874)》를 통해 역사의 발전을 과학과 종교의 대립 관계로 풀어낸 것으로 유명하다.

9장 진화론자들의 대담한 만남

1. 제1대 에이브버리 남작 존 러벅(Sir John Lubbock, 1st Baron Avebury, 1834~1913)
영국의 은행가이자 정치가, 생물학자, 고고학자. 19세기에 가장 유명한 고고학 서적인 《선사 시대, 고대 유적과 현대의 야만의 매너와 관습에 대한 묘사(Pre-historic Times, as Illustrated by Ancient Remains, and the Manners and Customs of Modern Savages, 1865)》를 집필했으며, 석기 시대를 둘로 나누어 구석기 시대(Palaeolithic, 250만 년 전~기원전 1만 년 전)와 신석기 시대(Neolithic, 기원전 1만 년~기원전 5000년)를 제안하기도 했다. 토머스 헉슬리가 이끈 X클럽의 9인 중 한 명이었다.

2. 존 틴들(John Tyndall, 1820~1893)
아일랜드의 물리학자. 런던왕립연구소의 물리학 교수이자 뛰어난 실험물리학자로, 물리학 실험에 대한 12종 이상의 과학 서적을 저술했다. X클럽 회원이었던 틴들은 종교와 과학의 분리를 주장했으며, 다윈의 진화론에 대해 강력한 지지를 표명한 바 있다.

3. 조지 버스크(George Busk, 1807~1886)
영국의 외과 의사이자 동물학자, 고생물학자. 1852년 그리니치 자연사협회를 설립했고, 해양 무척추동물 연구 분야에 조예가 깊었다. X클럽 회원이었으며, 과학을 알리는 일에 열정적으로 임했다.

4. 허버트 스펜서(Herbert Spencer, 1820~1903)
영국의 사회학자이자 철학자. 영국 사회학의 창시자. 그는 진화가 우주의 원리라고 생각해, 이를 인간에게 적용해 인간 사회에서도 강한 자만이 살아남을 수 있다는 적자생존(survival of the fittest)이라는 단어를 만들어 냈다. 진화론과 사회학을 융합해 사회진화론(Social Darwinisim)의 개념을 수립했다. 19세기 후반에서 20세기 초반에 사회진화론은 영국과 독일, 미국에서 크게 인기를 끌어 제국주의, 인종 차별, 나치즘, 파시즘, 자유자본주의를 옹호하는 사상적 뒷받침으로 사용되었으며, 현재는 극복되어야 할 과거의 사상으로 주로 언급된다.

5. 토마스 아처 허스트(Thomas Archer Hirst, 1830~1892)
영국의 수학자. 틴들의 권유로 독일로 유학을 떠나 화학과 수학을 배웠으며, 수학커리큘럼개혁협회의 창립 회장이며, 여성 교육에도 관심이 많았다. X클럽 회원이었으며, 무신론자는 아니었지만 성경의 일부는 비유적으로 해석해야 한다고 생각했다.

6. 윌리엄 스포티스우드(William Spottiswoode, 1825~1883)

영국의 수학자이자 물리학자. 왕립학회 회장을 역임했으며, X클럽의 회원이었다.

7. 존 채프먼(John Chapman, 1810~1877)

영국 의사로, 전기 요법을 시도한 것으로 알려져 있다. 이 무렵 다윈은 여덟 달 동안 구토를 해 오던 상태여서, 채프먼을 다운으로 초대해 치료를 받았다.

8. 그레고르 멘델(Gregor Mendel, 1822~1884)

오스트리아의 수도사이자 생물학자. 멘델의 유전 법칙을 발견해 유전학의 수학적 토대를 마련하고 유전학 분야를 연 최초의 유전학자이다. 1856년부터 수도원 뒤뜰에서 완두를 재료로 하여 유전 연구를 실시했다. 우열의 법칙, 분리의 법칙, 독립 유전의 법칙으로 대표되는 '멘델의 유전 법칙'을 발견해 1865년 브륀 자연사학회에서 발표했으나 관심을 끌지 못하고 그대로 묻혀 버렸다. 이후 멘델은 평생을 생물학자가 아닌 수도사로 살았으며, 그가 사망하고 16년이 지난 1900년 유럽의 식물학자 코렌스, 체르마크, 드 브리스가 각각 유전의 법칙을 찾아내어 발표한 뒤 멘델의 유전 법칙은 34년 만에 재조명되었다.

메타-인포 생물 진화론과 사회 진화론

1. 에른스트 헤켈(Ernst Heckel, 1834~1919)

독일의 생물학자이자 철학자, 의사, 화가. 1,000여 종의 생물에 학명을 붙였으며 계통학, 분류학, 생태학, 원생동물 연구에 결정적인 역할을 한 인물로 생태학(ecology)이라는 용어를 처음 만든 사람이기도 하다. 찰스 다윈의 진화론을 독일에서 확산시키는 데 큰 기여를 한 인물이며, 《생물의 일반 형태론(Generelle Morphologie der Organismen, 1866)》을 통해 훗날 수많은 논란의 근거가 되었던 반복 발생설을 주장한 사람이기도 하다.

2. 프랜시스 골턴 경(Sir Francis Galton, 1822~1911)

영국의 인류학자. 다윈의 사촌 동생. 인류학과 유전에 관심이 많았던 골턴은 1869년 《유전되는 천재, 그 법칙과 결과(Hereditary Genius, its Laws and Consequences)》를 통해 "인간은 스스로의 진화에 책임이 있다."고 말하며, 인류의 지속적인 생존과 발전을 위해서는 부적격자의 출생을 관리하고, 적격자의 출생을 장려하는 노력이 필요하다고 주장했다. 그는 이를 바탕으로 인류를 우성과 열성으로 나누는 우생학(優生學, Eugenics)이라는 단어를 만들어 내 기초 개념을 세웠으며, 우생학은 이후 20세기 중반까지 서구 유럽과 미국 등을 중심으로 퍼져 나가 극단적 인종주의와 나치즘의 확산을 가져온 인류 역사의 오점으로 기능했다.

10장 인간의 유래

1. 아모츠 자하비(Amotz Zahavi, 1928~2017)

이스라엘의 진화생물학자. 텔 아비브 대학에서 생물학을 공부했다. 부인이자 동료 생물학자인 아비사크(Avishag Zahavi, 1922~)와 함께 진화의 원리 중 성 선택의 모순을 설명하는 '핸디캡 원리'을 찾아낸 것으로 유명하다.

2. 제1대 켈빈 남작 윌리엄 톰슨(William Thomson, 1st Baron Kelvin, 1824~1907)

영국의 수리물리학자이자 공학자. 절대온도 단위인 켈빈(K)이 그의 이름에서 유래되었다. 전자기학과 열역학에 대해 많은 분석을 했으며, 물리학을 오늘날의 형태로 정립한 인물로 평가된다.

3. 세인트 조지 마이바트(St. George Mivart, 1827~1900)

영국의 생물학자. 다윈의 자연 선택설에 대한 열렬한

지지자였다가 나중에 가장 치열한 비평가가 된 인물로 꼽힌다.《종의 기원에 대하여(On the Genesis of Species, 1871)》를 통해 다윈의 진화론에서 설명할 수 없었던 부분들(예를 들어 자연 선택에 어긋나는 생물의 구조적 특징들)에 대해 조목조목 비판했다.

4. 칼 마르크스(Karl Marx. 1818~1883)
독일의 공산주의 혁명가로 마르크스주의의 창시자이다. 1847년 공산주의자 동맹을 창설했으며, 프리드리히 엥겔스(Friedrich Engels, 1820~1895)와《공산당 선언(Manifest der Kommunistischen Partei, 1848)》을 공동 집필했고,《자본론(Das Kapital, 1867)》을 저술했다.

11장 생명, 끊임없이 살아 움직이다

1. 에드워드 에이블링(Edward Aveling, 1849~1898)
영국의 생물학자이자 작가, 정치가. 다윈의 진화론을 알리는 대중 강연자이다. 마르크스의《자본론》을 영역한 인물로 사회주의 연맹(Socialist League)의 창립 멤버이다. 아내가 있었음에도 칼 마르크스의 막내딸 엘레노어 마르크스(Eleanor Marx, 1855~1898)와 오랫동안 사실혼 관계를 유지했으나, 아내가 사망하자 엘레노어를 버리고 다른 여성과 재혼했고 엘레노어는 자살했다.

2. 루트비히 뷔흐너(Ludwig Büchner, 1824~1899)
독일의 철학자이자 생리학자. 19세기 과학적 유물론의 대표자로 불린다. 진화론으로 사회 현상을 설명하려 시도했다.

부록 다윈 이후의 진화론

1. 오즈월드 에이버리(Oswald Avery, 1877~1955)
캐나다의 의사이자 유전학자. 분자생물학과 면역학 분야의 선구자. 두 가지 종류의 폐렴구균을 이용한 실험으로 DNA가 유전 물질임을 확인하였다.

2. 토머스 헌트 모건(Thomas Hunt Morgan, 1866~1945)
미국의 생물학자. 붉은눈/흰눈 초파리를 이용한 유전학 연구로 염색체상에 유전자 위치를 찾아 특정 형질의 유전 메커니즘 찾는 방법을 제시했다.

3. 제임스 왓슨(James Watson, 1928~)
미국의 분자생물학자. 프랜시스 크릭과 함께 1953년 유전 물질인 DNA의 이중나선 구조를 발견한 것으로 유명하다.

4. 프랜시스 크릭(Francis Crick, 1916~2004)
영국의 생물학자. 원래는 물리학을 전공했으며, 1953년 제임스 왓슨과 함께 유전 물질인 DNA의 이중나선 구조를 발견했다.

5. 잭 홀데인(Jack Haldane, 1892~1964)
영국의 생물학자이자 유전학자. 생물통계학 분야에서 큰 기여를 했다.

6. 윌리엄 도날드 해밀턴(William Donald Hamilton, 1936~2000)
영국의 진화생물학자. 사회성 곤충을 연구했으며, 20세기 가장 뛰어난 이론생물학자 중 한 명으로 꼽힌다. 포괄 적합도(inclusive fitness) 개념을 적용한 친족 선택(kin selection)을 수학적으로 제시했다.

7. 로버트 트리버즈(Robert Trivers, 1943~)
미국의 진화생물학자이자 사회생물학자. 상호 이타주의, 부모의 투자와 성 선택, 부모 자식 사이의 갈등을 바탕으로 한 유전자 중심적 사고를 제시했다.

8. 존 메이너드 스미스(John Manard Smith, 1920~2004)
영국의 유전학자이자 진화생물학자. 진화적으로 안정된 전략(Evolutionary Stable Stratergy, ESS) 개념을 창안했다.

9. 리처드 도킨스(Richard Dawkins, 1941~)
영국의 동물행동학자이자 진화생물학자, 대중과학 저술가. 가장 잘 알려진 과학 작가이자 전투적 무신론자(militant atheist)로 알려졌으며, 모든 생물의 행동은 유전자의 복제 가능성을 높이는 데 있다는《이기적 유전자》로 유명하다.

10. 스티븐 제이 굴드(Stephen Jay Gould, 1941~2002)
미국의 고생물학자이자 진화생물학자. 생물의 진화 과정을 단속 평형설로 설명한 것으로 유명하다. 단속 평형설은 생물이 상당 기간 안정적으로 종을 유지하다 특정한 시기에 종 분화가 집중된다는 이론으로, 기존에 널리 받아들여지고 있던 계통 점진설에 반하는 이론이다. 야구의 4할 타자가 사라진 것을 소재로 진화 과정을 설명한《풀 하우스(Full House, 1996)》를 집필했다.

11. 닐스 엘드리지(Niles Eldredge, 1943~)
미국의 고생물학자. 1972년 스티븐 제이 굴드와 함께 단속 평형설을 제기했다.

찾아보기

ㅈ

ㅊ

ㅋ

ㅌ

ㅍ

ㅎ

다윈의 진화론
자연 선택의 비밀을 엿보다

2019년 2월 15일 초판 1쇄 인쇄
2019년 2월 25일 초판 1쇄 발행

지은이 이은희
그린이 최재정

펴낸이 김경희 | 펴낸곳 작은길출판사 | 출판등록 제2018-000084호
주소 서울 마포구 월드컵북로5가길 17, 3층 | 전화 02-337-0764 | 팩스 02-337-0765
전자우편 footwayph@naver.com

ISBN 978-89-98066-72-7 04470
ISBN 978-89-98066-13-0 (세트)